Kohlhammer

Jannik Stiller
Heiko Hahnenstein

Presse- und Öffentlichkeitsarbeit bei der Feuerwehr

Verlag W. Kohlhammer

1. Auflage 2024

Gesamtherstellung: W. Kohlhammer GmbH, Stuttgart

Print:
ISBN 978-3-17-035453-1

E-Book-Formate:
pdf: ISBN 978-3-17-035455-5
epub: ISBN 978-3-17-035456-2

Inhaltsverzeichnis

Vorwort

»Man kann nicht nicht kommunizieren.«
– Paul Watzlawick –

Dieser Satz stammt vom Kommunikationswissenschaftler Paul Watzlawick und bedeutet, dass jede Handlung, ob verbal oder nonverbal, eine Form der Kommunikation darstellt, auch wenn sie nicht beabsichtigt ist. Selbst Schweigen oder Ignorieren kann eine Botschaft vermitteln.

Feuerwehren sind eine unverzichtbare Säule unserer Gesellschaft. Sie leisten tagtäglich eine wertvolle Arbeit, indem sie uns in Not- und Gefahrensituationen zur Seite stehen und uns vor Schaden bewahren. Dabei spielt die Presse- und Öffentlichkeitsarbeit eine wichtige Rolle, um die Arbeit der Feuerwehr transparent zu machen und das Vertrauen der Bevölkerung zu stärken.

Dieses Fachbuch richtet sich an Feuerwehren und ihre Mitarbeiter, die sich mit der Presse- und Öffentlichkeitsarbeit auseinandersetzen möchten. Es bietet eine umfassende Darstellung der verschiedenen Aspekte und Herausforderungen der Öffentlichkeitsarbeit und zeigt auf, wie man die Arbeit der Feuerwehr erfolgreich kommunizieren kann.

Die Autoren dieses Buches haben langjährige Erfahrung in der Feuerwehr und der Presse- und Öffentlichkeitsarbeit. Sie teilen ihr Wissen und ihre Expertise in diesem Buch, um andere Feuerwehren bei ihrer Arbeit zu unterstützen und ihnen wertvolle Tipps und Tricks an die Hand zu geben. Alle Informationen zu den Autoren und Mitwirkenden sind im letzten Teil des Buches zu finden.

Wir sind überzeugt davon, dass dieses Buch einen wichtigen Beitrag zur Stärkung der Öffentlichkeitsarbeit von Feuerwehren leisten wird. Es wird dazu beitragen, dass die Arbeit der Feuerwehren noch besser wahrgenommen und gewürdigt wird, und somit dazu, dass unsere Gesellschaft sicherer und geschützter wird. Wir wünschen somit allen Lesern viel Erfolg bei ihrer Arbeit und hoffen, dass dieses Buch ihnen dabei helfen wird, die Herausforderungen der Presse- und Öffentlichkeitsarbeit erfolgreich zu meistern.

Wir möchten uns herzlich für die großartige Unterstützung bei der Erstellung dieses Buches bedanken bei:

Simon Heußen, Jan Ole Unger, Nils Beneke, Thomas Kirstein, Jana Budde, Kai Strömer, Gerrit Schröder, Tom Kramer, Max Eilers, Klaus Stiller, Daniel Müller, Svenja Baum, Dennis Altenhofen, Benjamin Ebrecht, Nikolai Klute, Sophie Willberg, Dominic Iven, Frank Hattendorf, Stephan Hartmann und Hendrik Behrends für die großartige Unterstützung, die Fotos und auch für weitere Ideen für eine noch bessere Presse- und Öffentlichkeitsarbeit.

Genderhinweis: Aus Gründen der besseren Lesbarkeit wird auf eine geschlechtsneutrale Differenzierung verzichtet. Entsprechende Begriffe gelten im Sinne der Gleichbehandlung grundsätzlich für beide Geschlechter. Die verkürzte Sprachform beinhaltet keine Wertung.

1 Einleitung

1.1 Presse und Öffentlichkeitsarbeit gestern und heute – die rasante Veränderung durch Digitalisierung, Internet und soziale Netzwerke

Unsere Welt ertrinkt in Daten. Wir haben die Wahl sie zu ignorieren und als großes Rauschen abzutun oder sie zu nutzen. In den vergangenen 20 Jahren wurde alles digitalisiert, was sich digitalisieren ließ. Wir können heute im Internet einkaufen, Filme anschauen, Zeitungen lesen und unser Wissen in diversen Foren erweitern. Sogar Videotelefonie ist möglich, um z. B. von Deutschland nach Neuseeland in wenigen Sekunden ein Video mit Ton in Echtzeit aufzubauen. Das bedeutet im Umkehrschluss, dass immer mehr Informationen sofort und fundiert zur Verfügung stehen müssen. Wenn vor zwanzig Jahren die Feuerwehr durch die Straßen fuhr, stand die Pressemitteilung erst am nächsten Tag in der Zeitung. Man musste auf den Bericht der Lokalpresse warten oder man kannte eine der Einsatzkräfte.

Blickt man nur zehn Jahre zurück, sah die Pressewelt noch ganz anders aus. Auch damals gab es zwar schon »Blaulichtreporter«, die oft schnell vor Ort waren, aber Facebook, Instagram, Twitter/X und Co. steckten noch in den Kinderschuhen und spielten bei der Medienberichterstattung nahezu keine Rolle. Wie bereits erwähnt, beschränkte sich die Pressearbeit bei Einsätzen meist auf eine Pressemitteilung nach Abschluss der Arbeiten und einen O-Ton für Radio oder Fernsehen. Heute müssen die schnelllebige Presse und die Social-Media-Kanäle im Idealfall einsatzbegleitend mit Informationen versorgt werden, sonst besteht die Gefahr, dass die Berichterstattung auf Amateuraufnahmen von Schaulustigen beruht und ein gut verlaufener Einsatz im Internet zerrissen wird.

In der heutigen Zeit können Artikel innerhalb kürzester Zeit veröffentlicht werden, was uns als Feuerwehr unter Druck setzt. Wir müssen Einsatzinformationen sammeln, Info-Telefonate mit Medienvertretern führen, Statements für Radio und Fernsehen abgeben, Pressemitteilungen herausgeben und die Social-Media-Kanäle der Feuerwehr bedienen. Für diesen Aufgabenbereich gibt es einen Satz, der aus drei einfachen Wörtern besteht: **Wir müssen reden.** Egal ob haupt- oder ehrenamtlich strukturierte Feuerwehr. Diese drei Worte sind der Dreiklang einer professionellen Presse- und Öffentlichkeitsarbeit, denn je nach Betonung des Satzes ergibt sich eine andere Bedeutung. **Wir** müssen reden. Wenn wir zu einem Großbrand alarmiert werden und abends in den Nachrichten zu sehen sind, muss der Sprecher der Feuerwehr zu sehen und zu hören sein. Würde man das der Polizei überlassen, käme es oft zu fachlichen Unstimmigkeiten, die zu Missverständnissen führen. Umgekehrt könnten wir nicht richtig und korrekt über die Arbeit der Polizei berichten. Presse- und Öffentlichkeitsarbeit muss auch von Menschen gemacht werden, die Lust dazu haben. Es müssen Menschen gefunden werden, die ihre Feuerwehr im Herzen tragen und mit Leidenschaft sprechen und schreiben. Für diese Menschen ist eine professionelle Ausbildung unerlässlich, denn das richtige Know-how kann im besten Fall das Image der Feuerwehr verbessern. Wir **müssen** reden. Der ständige Wandel in der Gesellschaft macht auch vor den Feuerwehren nicht halt. Immer wieder gibt es Neuerungen, die eine ehrliche und umfassende Informationsausgabe nicht nur sinnvoll, sondern auch notwendig erscheinen lassen. So werden komplexe Maßnahmen und Abläufe für alle transparent erklärt. »Man kann nicht nicht kommunizieren«, lautet ein Axiom der Kommunikationstheorie von Paul Watzlawick. Jeder hat schon Flurfunk erlebt, der zu einer Verbreitung von falschen und nicht vollständigen Informationen geführt hat. Flurfunk stammt meist aus unsicheren Quellen, sodass scheinbare Fakten zu einer voreiligen Meinung werden. Ist diese Meinung erst einmal entstanden, ist es schwierig, sie zu korrigieren. Wir müssen **reden**. Reden ist das wichtigste Wort für unsere Arbeit als Kommunikatoren in der Presse- und Öffentlichkeitsarbeit. Es bedeutet sprechen, schreiben, plaudern, diskutieren, kommunizieren. Nichts ist schlimmer, als eine wichtige Botschaft falsch zu kommunizieren. Wie bereits beschrieben, sind solche falsch interpretierten Meinungen nur schwer zu korrigieren und erschweren uns als Feuerwehr die Arbeit erheblich. Daher sollten wir uns die Zeit nehmen, gut zu kommunizieren und zu reden. Sowohl mit unseren Feuerwehrangehörigen als auch mit den Medienvertretern.

Aber nicht nur die Presse-, sondern auch die Öffentlichkeitsarbeit hat sich durch die zunehmende Digitalisierung der Medienwelt stark verändert. Der »analoge« Flyer zur Mitgliederwerbung erreicht heute kaum noch die Zielgruppe, ein möglichst kreativ gestalteter Post auf Instagram oder Facebook hat dagegen das Potenzial »viral« zu gehen und schnell von mehreren hunderttausend Nutzern im Netz gesehen zu werden. Diese Entwicklung macht es notwendig, der Presse- und Öffentlichkeitsarbeit deutlich mehr Aufmerksamkeit zu schenken und sie auf die heutigen Anforderungen auszurichten. Während fast jede Feuerwehr über eine eigene Website verfügt und auch viele Feuerwehren bereits einen Facebook-Auftritt haben, ist die Präsenz z. B. auf Instagram und Twitter/X bei Weitem nicht so ausgeprägt. Ein Grund dafür ist der enorm hohe personelle Aufwand, um diese Kanäle professionell zu bespielen. Eine Feuerwehr ohne Social-Media-Auftritt verpasst aber nicht nur die Chance einer zeitgemäßen Presse- und Öffentlichkeitsarbeit, sondern wird auch von Jugendlichen als altmodisch und unmodern wahrgenommen.

1.2 Aufbau und Ziele des Fachbuches

Mit vielen praktischen Beispielen und Hinweisen aus der Praxis soll das vorliegende Buch ein Stück weit die Angst nehmen, die eigene Presse- und Öffentlichkeitsarbeit zu verändern und zeitgemäß anzupassen, und zwar unabhängig von der Strukturgröße der Feuerwehr. Natürlich sind auch Arbeitshilfen und Tipps für die »klassische« Pressearbeit enthalten, sodass dieses Buch als Grundlage für die Presse- und Öffentlichkeitsarbeit bei einer großen Berufsfeuerwehr mit hauptamtlichen Pressesprechern ebenso hilfreich ist wie bei einer kleinen Wehr mit rein ehrenamtlichen Einsatzkräften.

Die Werkzeuge, Ideen, Checklisten und Anleitungen in diesem Buch sollen den Verantwortlichen einen roten Faden an die Hand geben. Das Fachbuch »Presse- und Öffentlichkeitsarbeit bei der Feuerwehr« soll unter anderem einen großen und wichtigen Beitrag in den Feuerwehren für eine lebendige und professionelle Außendarstellung leisten. Die Vergangenheit hat gezeigt, dass auch die Krisenkommunikation immer mehr in den Vordergrund rückt. Daher werden auch Tipps und Tricks für die Praxis gegeben, um für die Vorbereitung und Durchführung der Presse- und Öffentlichkeitsarbeit gerüstet zu sein.

Und doch ist eines heute schon sicher: Die Medienwelt wird sich weiterhin rasant entwickeln und verändern, sodass es in der Presse- und Öffentlichkeitsarbeit eines ganz sicher nicht geben wird: Stillstand. Vieles in diesem Buch ist daher nur als Momentaufnahme zu verstehen und es empfiehlt sich bereits an dieser Stelle, die (digitale) Medienwelt ständig im Auge zu behalten, um den Entwicklungen nicht ständig hinterherzulaufen.

2 Grundlagen der Presse- und Öffentlichkeitsarbeit

Professionelle Presse- und Öffentlichkeitsarbeit war bei den Feuerwehren lange Zeit ein reines »Randprodukt«, dem keine besondere Aufmerksamkeit geschenkt wurde. Auch heute noch wird das Thema in der Ausbildung der Führungskräfte nur sehr rudimentär behandelt. Dabei ist es aufgrund seiner Vielschichtigkeit äußerst komplex. Um die verschiedenen Bereiche der Presse- und Öffentlichkeitsarbeit effizient und erfolgreich miteinander verknüpfen und nutzen zu können, ist es daher sehr hilfreich, sich zunächst Gedanken über ein geeignetes Konzept für diesen Bereich zu machen. Ansonsten besteht die Gefahr, dass viele Einzelmaßnahmen unkoordiniert gestartet werden, die am Ende nicht zum gewünschten Erfolg führen. Für ein solches Konzept ist es zunächst erforderlich, die Presse- und Öffentlichkeitsarbeit der Feuerwehren zu definieren und abzugrenzen.

2.1 Definition und Abgrenzung

Der Begriff »Presse- und Öffentlichkeitsarbeit« leitet sich aus dem englischen Public Relations (PR) ab und beschreibt die Gestaltung der öffentlichen Kommunikation eines Unternehmens oder einer Organisation. In der Praxis wird diese Kommunikation jedoch häufig auf reine Pressearbeit reduziert. Dahinter verbirgt sich aber nicht nur das Verfassen einer Pressemitteilung nach einem Einsatz und der regelmäßige Kontakt zur Lokalpresse. Vielmehr umfasst die Öffentlichkeitsarbeit alle Bereiche der Außendarstellung, insbesondere den Austausch mit »Kunden« wie der Bevölkerung, der Politik, aber auch mit potenziellen Bewerbern oder Freiwilligen.

So fallen die Aufgabenbereiche Veranstaltungsorganisation, Mediengestaltung, Internetauftritt und die interne Kommunikation ebenso unter den Begriff der Öffentlichkeitsarbeit wie die klassische Pressearbeit. Durch eine gute Presse- und Öffentlichkeitsarbeit kann somit auch das Image einer Feuerwehr in Politik und Öffentlichkeit verbessert und bestimmte Zielgruppen können gezielt erreicht werden.

2.1.1 Ausgangssituation definieren

Bevor man mit der Planung konkreter Maßnahmen im Rahmen der Presse- und Öffentlichkeitsarbeit beginnt, gilt es zunächst festzustellen: Wo stehe ich? Die Ausgangssituation muss also klar sein. Folgende Bereiche sind dabei von besonderer Bedeutung:

- Zuständigkeiten: In den meisten Städten und Kreisen liegt die originäre Zuständigkeit, wenigstens für die Pressearbeit, innerhalb der Verwaltung beim Presseamt. Dieses ist häufig als Stabsstelle in der höchsten Verwaltungsebene, also z. B. beim Oberbürgermeister oder der Oberbürgermeisterin, angesiedelt. Durch das Presseamt wird im Regelfall die Außenkommunikation der Stadt bzw. des Kreises zentral geregelt und gesteuert. Natürlich obliegt auch die Feuerwehr grundsätzlich diesen übergeordneten Regelungen. Es ist daher zwingend erforderlich, Maßnahmen der Presse- und Öffentlichkeitsarbeit mit dem jeweiligen Presseamt abzusprechen und »Spielregeln« zu definieren. Dazu gehören zum Beispiel:
  - Informationsschwellen und -wege festlegen
  - Absprachen, wer in welchen Fällen mit der Presse sprechen darf
  - Freigabe von Grafiken und Layouts
  - Austausch von Informationen für eine einheitliche Kommunikation
- Die eigene Lage: Hier spielen, wie in vielen anderen Bereichen auch, zwei Faktoren eine wesentliche Rolle, nämlich Personal und Geld. Aber keine Angst, eine professionelle Presse- und Öffentlichkeitsarbeit braucht nicht mindestens drei feste Mitarbeiter und ein Jahresbudget von 10 000 € oder mehr. Es geht hier vielmehr darum, die vorhandenen Ressourcen zu definieren, um anschließend Ziele und Wege zu wählen, die den jeweiligen Verhältnissen entsprechen. Zur Erfassung der personellen Ressourcen ist zunächst eine Bestandsaufnahme erforderlich. Oft ist man überrascht, wie viele Mitglieder der eigenen Feuerwehr bereits Erfahrungen in dem einen oder anderen Bereich der Presse- und Öffentlichkeitsarbeit mitbringen. Gerade im Ehrenamt finden sich nicht selten Grafiker, Mediengestalter, Journalisten oder Webdesigner in den Einheiten. Aber auch Mitglieder, die privat oder beruflich als »Blogger« in den sozialen Medien unterwegs sind, oder Studierende, die freiberuflich als Eventmoderatoren arbeiten, können das PR-Team ideal ergänzen. Doch auch für die klassische Aufgabe des »Pressesprechers« muss Personal gefunden werden. Neben einer gewissen Einsatzerfahrung sollte ein Pressesprecher

über fundierte Systemkenntnisse und gute Fachkenntnisse im Feuerwehrwesen verfügen und natürlich keine Scheu vor der Kamera haben. Die wichtigste Voraussetzung ist jedoch: Es sollte Spaß machen! Das gilt grundsätzlich für alle an der Presse- und Öffentlichkeitsarbeit Beteiligten, aber natürlich ganz besonders für das »Gesicht« der Feuerwehr.

- Erfahrungen: Jede Feuerwehr hat in der Vergangenheit bereits in irgendeiner Form Presse- und Öffentlichkeitsarbeit betrieben. Es sollte zusammengetragen werden, was sich bewährt hat, aber auch selbstkritisch nach weniger erfolgreichen Maßnahmen gesucht werden. Insbesondere die Dinge, »die man schon immer gemacht hat«, sollten unter die Lupe genommen werden. Hier ist zu hinterfragen, ob sie noch zeitgemäß sind und in einem guten Verhältnis von Aufwand und Nutzen stehen. Als Beispiel sei hier der gute alte Flyer genannt, der oft als »Allheilmittel« z. B. in der Personal- und Mitgliederwerbung als erste Maßnahme neu entwickelt und in großer Anzahl aufgelegt wurde. Hinterfragt man jedoch die Ergebnisse einer solchen Flyeraktion durch die Auswertung konkreter Zahlen von Neuaufnahmen, so wird meist schnell deutlich, dass die Ergebnisse hinter den Erwartungen zurückbleiben. Was nicht heißen soll,

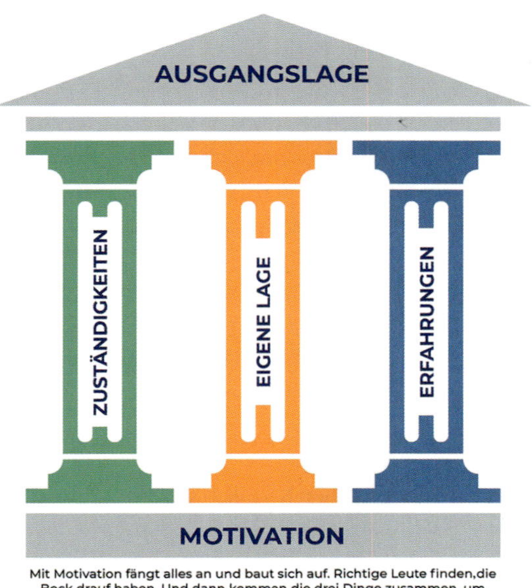

Bild 1: ***Die Ausgangslage wird auf drei Säulen aufgebaut – Zuständigkeiten, die eigene Lage und den Erfahrungen.***

dass ein Flyer als Bestandteil der Personalwerbung nicht nach wie vor eine sinnvolle Ergänzung sein kann. Ein weiteres Kriterium bei der Bewertung von Maßnahmen ist neben dem Erfolg bzw. Misserfolg der Aufwand. Hier sind die Faktoren Zeit, Personal und Kosten entscheidend. Für einen guten Überblick können die bereits gemachten Erfahrungen in einer kleinen Matrix zusammengefasst und anschließend bewertet werden.

2.1.2 Ziele definieren

Wenn die eigene Situation klar ist, müssen konkrete Ziele definiert werden. Wichtig ist dabei die aus dem Projektmanagement bekannte SMART-Regel. Die fünf Anfangsbuchstaben stehen für fünf Kriterien:

- S – Spezifisch: Ein Ziel sollte so präzise und konkret wie möglich formuliert werden. Z. B. bis Ende des Jahres fünf neue Mitglieder für die Freiwillige Feuerwehr zu gewinnen oder innerhalb von sechs Monaten das Thema »Rettungsgasse« bekannter zu machen.
- M – Messbar: Ein Ziel sollte möglichst klar messbar sein. So kann z. B. die Anzahl der tatsächlich gewonnenen Mitglieder am Jahresende oder die Anzahl der Medienberichte über die Rettungsgasse Aufschluss darüber geben, ob ein Ziel erreicht wurde oder nicht.
- A – Akzeptiert/Attraktiv: Die Ziele sollten innerhalb des Projektteams, aber möglichst auch innerhalb der Feuerwehr akzeptiert und möglichst attraktiv sein. Dies sichert ein hohes Maß an Unterstützung.
- R – Realistisch: Dieses Kriterium steht in engem Zusammenhang mit dem vorherigen, da unrealistische Ziele wenig Akzeptanz finden werden. Bei

Bild 2: ***Die SMART-Regel hilft bei der Festlegung der Ziele.***

der Betrachtung der Realisierbarkeit spielen auch die finanziellen bzw. personellen Ressourcen eine Rolle.

- T – Terminierbar: Um die Messbarkeit eines Ziels in absehbaren Zeitabständen zu ermöglichen, sollte ein konkreter Messzeitpunkt bzw. Zeitraum festgelegt werden.

Praxisbeispiel – Zieldefinition

Falsch: **Wir wollen unsere Feuerwehr bei Facebook bekannter machen.**
Richtig: **Wir wollen mit unserer Facebookseite innerhalb der nächsten sechs Monate 1 500 neue Abonnenten gewinnen, um damit mehr Facebook-User mit unserer Mitgliederwerbung zu erreichen.**

2.1.3 Zielgruppe definieren

Wenn die Ziele konkret benannt sind, geht es im nächsten Schritt darum, die Zielgruppe einzugrenzen. Das heißt konkret: Welche Personengruppen sollen mit der Presse- und Öffentlichkeitsarbeit überhaupt angesprochen werden? Das Spektrum möglicher Zielgruppen ist zunächst einmal riesig. Sind es »nur« die Bürger oder sollen auch Institutionen und die Politik erreicht werden? Wie sieht es mit den eigenen Kollegen aus? Die Zielgruppe der Feuerwehr kann in einige grobe Gruppen unterteilt werden:

1. Bürger: Die bei Weitem größte Gruppe, da formal natürlich viele der anderen Gruppen in der einen oder anderen Form dazugehören. Allerdings beschränkt sich diese Gruppe in der Regel auf das Zuständigkeitsgebiet bzw. bei der Personalrekrutierung auf ein erweitertes Einzugsgebiet. Je nach Zielsetzung kann man diese Gruppe jedoch weiter unterteilen, z. B. bei der Nachwuchsgewinnung für die Berufsfeuerwehr auf die Altersgruppe 18 bis 35 Jahre mit abgeschlossener, vorzugsweise handwerklicher Berufsausbildung. Möchte man hingegen einen Kinderfinder zur Kennzeichnung von Kinderzimmern platzieren, richtet sich dies logischerweise primär an Eltern mit kleinen Kindern.
2. Presse: Die Presse ist natürlich eine der wichtigsten Zielgruppen der Presse- und Öffentlichkeitsarbeit. Aber nicht jedes Thema ist für die Presse interessant, insbesondere nicht für überregionale Medien. Zudem werden die verschiedenen Medien auch von unterschiedlichen Personengruppen in der Bevölkerung genutzt. Auch hier gilt es also abzuwägen, welches

Presseorgan für welches Thema genutzt werden soll. Insbesondere bei den lokalen Medien ist jedoch auf eine Gleichbehandlung zu achten.

3. Politik: Viele Themen wollen auch im politischen Raum positioniert werden, um das Image der Feuerwehren zu verbessern bzw. ihre Bedeutung und Vielseitigkeit zu verdeutlichen.
4. Fachpresse: Diese Zielgruppe steht eher nicht im Fokus der täglichen Presse- und Öffentlichkeitsarbeit, sollte aber auch nicht ganz aus den Augen verloren werden. Insbesondere für den fachlichen Austausch zu Spezialthemen sind entsprechende Beiträge wichtig.
5. Interne Öffentlichkeit: Für eine transparente Informationspolitik innerhalb der eigenen Organisation sollten die eigenen Einsatzkräfte als Zielgruppe immer mitbedacht werden. Beispiele für Themenbereiche der internen Öffentlichkeitsarbeit sind Ziele und geplante Anschaffungen, Termine oder personelle Veränderungen.

2.1.4 Maßnahmen festlegen

Wenn die Ausgangssituation klar ist und die Ziele und die Zielgruppe definiert sind, geht es nun darum, die geeigneten Maßnahmen zu definieren. Bei der Auswahl dieser Maßnahmen sind der Fantasie zunächst keine Grenzen gesetzt. Generell sollte zwischen Maßnahmen für externe Zielgruppen und Maßnahmen für interne Zielgruppen unterschieden werden. Beispiele für konkrete Maßnahmen können sein:

Extern:

- Aufbau eines Pressesprecher-Pools für zeitnahe Pressemitteilungen nach bzw. schon während Einsätzen
- Presseberichte und Pressegespräche zu aktuellen Themen der Feuerwehr
- Einrichten und Betreiben von Social-Media-Seiten
- Organisation einer Jahrespressekonferenz
- Erstellen von Flyern, Plakaten und Imagebroschüren
- Feuerwehrfeste und Tag der offenen Tür

Intern:

- Regelmäßige Newsletter/Mitarbeiterzeitschriften
- Intranet oder eigene Cloud mit aktuellen Informationen
- Jahresberichte
- Mitgliederversammlungen

- Mitarbeiterfeste

Bei der Planung und Umsetzung jeder Maßnahme ist es wichtig, das Ziel und die Zielgruppe nicht aus den Augen zu verlieren. Bei vielen bereits erprobten Maßnahmen kann durch geringfügige Anpassungen eine Ausrichtung auf die gewählten Ziele und Zielgruppen erreicht werden.

Praxisbeispiele – Mitgliederwerbung

1. Die Spritzwand bei einem Kindergartenfest eignet sich aufgrund der Teilnehmergruppe (Kinder unter sechs Jahren und junge Eltern mit geringer Freizeit) nicht für eine effektive Mitgliederwerbung für die Einsatzabteilung einer Freiwilligen Feuerwehr, ist aber sehr gut als Imagearbeit und als Werbung für die Kinderfeuerwehr geeignet. Zudem lässt sich eine solche Maßnahme einfach um Komponenten der Brandschutzfrüherziehung erweitern.

2. Das jährliche Feuerwehrfest mit einer Fahrzeugausstellung, Showübungen und Essens- und Getränkeständen eignet sich gut für die Zielgruppen Bevölkerung und Politik mit den Zielen der Imagearbeit durch eine Präsentation der Feuerwehr. Soll aber die Werbung neuer Mitglieder in den Vordergrund gebracht werden, so ist es deutlich effektiver, wenn für die entsprechende Zielgruppe (z. B. Frauen und Männer zwischen 17 und 25 Jahren) Mitmach- und Ausprobierstationen angeboten werden, an denen idealerweise auch noch geeignete Ansprechpartner für Fragen rund um eine Mitgliedschaft bei der Feuerwehr zur Verfügung stehen.

Die oben dargestellten Praxisbeispiele zeigen, dass nicht selten Anpassungen in der Presse- und Öffentlichkeitsarbeit notwendig sind, um Ziele und Zielgruppen effektiv zu erreichen. Dies ist fast immer mit einem Mehraufwand verbunden. Eine Prüfung der vorhandenen personellen und finanziellen Ressourcen vor der endgültigen Festlegung der Maßnahmen ist daher ebenso wichtig wie die abschließende Abstimmung mit den Entscheidungsträgern bzw. Verantwortlichen innerhalb der Feuerwehr. Wenn dann alles vorhanden ist, kann es losgehen!

2.1.5 Maßnahmen überprüfen

Ähnlich wie beim Einsatz im Führungskreislauf nach FwDV 100 gilt es auch im Bereich der Presse- und Öffentlichkeitsarbeit, sowohl das Konzept als auch die gewählten Maßnahmen regelmäßig zu überprüfen. Gerade in der sich ständig weiterentwickelnden und verändernden Medien- und Online-Landschaft ist dies eminent wichtig, denn nicht selten muss das neue Social-Media-Konzept spätestens nach einem Jahr aufgrund neuer Features bei Facebook, Instagram und Co. ergänzt oder modifiziert werden.

Nach einem angemessenen Zeitraum, mindestens aber einmal jährlich, sollte daher nachgefragt werden:

- Ist das Konzept zur Presse- und Öffentlichkeitsarbeit in allen Bereichen zeitgemäß?
- Welche Veränderungen gab es seit der Erstellung/letzten Aktualisierung?
- Wurden die gesteckten Ziele erreicht?
- Wurde die Zielgruppe erreicht?
- Wurde der Personal- und Finanzansatz richtig und ausreichend gewählt?
- Sind die vorhandenen Ressourcen ausreichend?
- Wird die Maßnahme innerhalb der (Projekt-)Mannschaft nach wie vor akzeptiert und unterstützt?

Stellt man fest, dass an einer oder mehreren Stellen Anpassungsbedarf besteht, sollte man nicht zögern, diesen offensiv anzugehen. Dabei ist, wie so oft im Feuerwehralltag, der feine Unterschied zwischen »Bewährtes beibehalten« und »Das ist gut, das haben wir schon immer so gemacht« zu beachten. Meist reichen kleine Anpassungen bei einzelnen Maßnahmen aus, vielleicht muss aber auch das Gesamtkonzept um neue Komponenten (z. B. eine neue Social-Media-Plattform) ergänzt oder verkleinert werden. Und vielleicht ist es sogar an der Zeit, sich von einer lange gepflegten Maßnahme ganz zu verabschieden, wenn man bei realistischer Betrachtung zu dem Schluss kommt, dass sie entweder völlig am Ziel oder an der Zielgruppe vorbeigeht, im schlimmsten Fall aber immer noch einen hohen Aufwand verursacht.

Praxisbeispiel – Der passende Online-Auftritt: Homepage vs. Social Media

Oft werden noch Stunden in die Pflege einer Homepage investiert, um möglichst alle Aktivitäten der eigenen Feuerwehr dort zu dokumentieren. Doch was ist heute noch der Sinn einer Homepage? Betrachtet man den Nutzen, so wird schnell klar, dass die eigene Homepage natürlich nach wie vor eine gewisse Bedeutung für die Außendarstellung hat. Insbesondere Fakten wie aktuelle Ansprechpartner und allgemeine Informationen erwartet jeder Internetnutzer, wenn er nach einer Google-Suche auf der Feuerwehr-Homepage gelandet ist. Doch wer, wenn nicht die eigenen Mitglieder, schaut sich dort die Bilder der letzten Übung oder das Gruppenfoto des neuen Lehrgangs an? Diese zeitdynamischen Informationen werden heute fast ausschließlich über Social Media abgerufen und das mit einer enorm hohen Reichweite. Wenn man also die eigene Online-Präsenz überprüft und feststellt, dass nach wie vor ein hoher zeitlicher und personeller Aufwand in die

eigene Homepage fließt, eine Social-Media-Präsenz aber fehlt oder nur rudimentär gepflegt wird, dann besteht hier sicherlich ein hoher Anpassungsbedarf.

2.2 Bereiche der Presse- und Öffentlichkeitsarbeit

Eine gute Presse- und Öffentlichkeitsarbeit besteht nicht nur aus der Kommunikation zwischen den Medienvertretern und dem Pressesprecher. Vielmehr müssen Bereiche bedient werden, die die Feuerwehr nach innen und außen voranbringen. Die Arbeit beschränkt sich nicht nur darauf, den Wissensdurst der Medien zu stillen, sondern beinhaltet auch die Mitgliederwerbung, die Gefahrenabwehr und die Schaffung eines positiven Klimas innerhalb der Feuerwehr.

2.2.1 Betreuung der Presse- und Medienarbeit

Der mediale Wandel macht sich auch im Feuerwehrwesen bemerkbar und wirkt sich auf viele Faktoren aus. Infolgedessen sind die Vertreter der Medien immer schneller an den Einsatzstellen, um den Wettkampf um das beste Bild zu gewinnen. Je größer die Einsätze, desto mehr Medienvertreter sind vor Ort. Es liegt auf der Hand, dass eine Großschadenslage ein hohes Medieninteresse nach sich zieht. Aus diesem Grund ist eine gesicherte und fachlich korrekte Information besonders wichtig, um die Arbeit der Feuerwehr richtig darzustellen. Ein Ansprechpartner für die Presse kann so den Einsatzleiter, aber auch die Leitstelle entlasten.

Ein häufig unterschätzter Punkt sind Konflikte zwischen Pressevertretern und Einsatzkräften. Oft mangelt es an Verständnis auf beiden Seiten und es kommt zu verbalen Auseinandersetzungen. Je nach Möglichkeit und Absprache können Pressevertreter in sensible Bereiche begleitet und Informationen nach außen gesteuert werden. Durch diese Vorgehensweise wird schnell ein freundliches Miteinander und eine professionelle Zusammenarbeit möglich, was sich positiv auf die Berichterstattung und Darstellung der Feuerwehr auswirkt.

2.2.2 Interne Öffentlichkeitsarbeit

Für eine erfolgreiche Medienarbeit einer Feuerwehr sind die eigenen Mitglieder ein elementarer Bestandteil. Bei der internen Öffentlichkeitsarbeit geht es in erster Linie um die Mitarbeiterpflege (Human Relations). Ein gutes Betriebsklima und optimale Arbeitsbedingungen erhöhen die Zufriedenheit der Einsatzkräfte innerhalb der Feuerwehr. Ein transparenter und geregelter Informationsfluss stärkt die Identifikation und das Zusammengehörigkeitsgefühl. Dabei ist es wichtig, dass die Einsatzkräfte die Ziele und die Kommunikationsstrategie kennen, mittragen und sich dadurch mit der Feuerwehr identifizieren. Um einen kontinuierlichen Informationsfluss zu gewährleisten, bieten sich Newsletter in Form von Aushängen, Rundschreiben oder auch Mitarbeiterzeitschriften an. Letzteres kann ein beidseitig bedrucktes Dokument mit den wichtigsten Informationen oder auch ein mehrseitiges Heft sein. Als PDF-Datei kann der Newsletter auf allen digitalen Kommunikationswegen zur Verfügung gestellt werden.

Ein wichtiger Punkt für solche Informationsblätter sind die neuen Mitglieder, die mit Steckbriefen und Fotos vorgestellt werden können. Feuerwehren, die die digitale Welt bevorzugen, können ein Mitgliederportal auf der Internetseite oder im Intranet zur Verfügung stellen. Jedes Feuerwehrmitglied erhält Zugangsdaten und kann sich nach dem Einloggen über Veränderungen und Neuigkeiten innerhalb der Feuerwehr informieren. Alternativ bieten Cloud-Dienste die Möglichkeit, den Mitgliedern zentrale Informationen zur Verfügung zu stellen. Auch einige Softwaredienste, die primär für die zusätzliche Alarmierung über Mobiltelefone genutzt werden, bieten die Möglichkeit, Informationen in Echtzeit zu kommunizieren. Wichtig ist, dass diese Informationen für die Mitglieder einfach und möglichst ohne den Einsatz neuer Systeme abrufbar sind. Dies erhöht die Akzeptanz und den Erreichungsgrad. Hierfür eignet sich auch ein Newsletter, der z. B. über gängige Verwaltungssoftware erstellt und verteilt werden kann.

Zur internen Öffentlichkeitsarbeit gehören Umfragen, die zur Weiterentwicklung der Feuerwehr beitragen. Auch z. B. Neuanschaffungen, Fahrzeugplanungen, Konzepte oder ein Pressebericht über die Feuerwehr erhöhen die Zufriedenheit und die Identifikation mit der Feuerwehr. Zusätzlich können Arbeits- und Schulungsmaterialien oder Grafiken für die privaten Social-Media-Profile zur Verfügung gestellt werden.

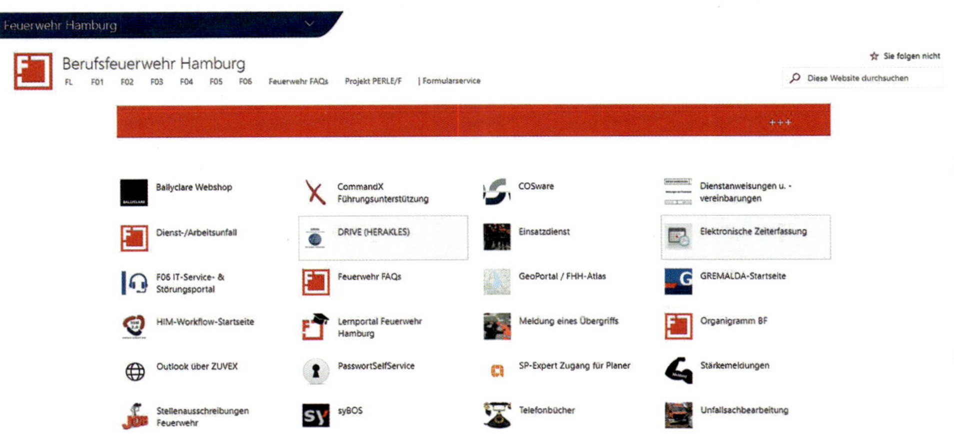

Bild 3: ***Die Feuerwehr Hamburg pflegt ein Intranet. Alle Ankündigungen oder Veränderungen werden hier zur Verfügung gestellt. (Quelle: Intranet Feuerwehr Hamburg)***

Bei der Planung ist zu berücksichtigen, dass es Situationen geben kann, in denen Informationen schnell und direkt an alle Mitglieder verteilt werden müssen. Dabei ist zu klären, ob der übliche Dienstweg über mehrere Instanzen noch effektiv ist. Insbesondere im Krisenfall ist es wichtig, die Mitglieder schnell und direkt über den Stand der Dinge, die Kommunikation nach außen und das notwendige Verhalten zu informieren. Dazu empfiehlt es sich, bereits vor Eintritt einer solchen Situation einen direkten Kommunikationsweg zu allen Mitgliedern zu haben. Dieser sollte nur bei akutem Informationsbedarf durch die Leitung der Feuerwehr genutzt werden.

Merke: Interne vor externer Kommunikation

Die Mitglieder der Feuerwehr müssen Informationen über ihre Feuerwehr so weit wie möglich aus der internen Kommunikation erhalten. Wenn sie relevante Nachrichten aus der Presse erfahren, können sie schnell das Gefühl bekommen, »nicht wichtig genug zu sein, um informiert zu werden«. Das Gefühl, Teil einer Sache (Feuerwehr) zu sein, über die man nicht alles weiß, demotiviert und schadet dem Gemeinschaftsgefühl.

2.2.3 Externe Öffentlichkeitsarbeit

Die externe Öffentlichkeitsarbeit lässt sich relativ einfach darstellen. Sie umfasst alle Maßnahmen, die zur Informationsvermittlung außerhalb der Feuerwehr beitragen. Es werden drei Formen der externen Öffentlichkeitsarbeit unterschieden:

- Informative Öffentlichkeitsarbeit (die Darstellung der Tätigkeiten)
- Pädagogische Öffentlichkeitsarbeit (Brandschutzaufklärung/-erziehung)
- Repräsentative Öffentlichkeitsarbeit (das Erscheinungsbild der Feuerwehr)

Pressemitteilungen spielen in der externen Öffentlichkeitsarbeit eine große Rolle, da nicht bei jedem Einsatz Medienvertreter vor Ort sein können. Eine fachlich korrekte und ausführliche Pressemitteilung beugt Fehlinformationen vor, sodass die Pressesprecher entscheiden können, welche Information die Feuerwehr verlässt und was die Medien preisgeben dürfen. Viele Feuerwehren haben veraltete Internetseiten, die kaum gepflegt werden. Einsatzberichte werden manchmal erst Wochen später hochgeladen oder Bilder vom Tag der offenen Tür von vor fünf Jahren. Niemand interessiert sich für Vergangenes, wenn es zu lange her ist. Der Leser will Aktuelles erfahren, also müssen Beiträge und Einsatzberichte zeitnah hochgeladen werden. Nicht umsonst sind die sozialen Netzwerke so erfolgreich. Sie bedienen die voyeuristische Ader der Menschen und liefern sofort alle Informationen aus aller Welt.

Facebook und Instagram werden längst von vielen Feuerwehren zur Selbstdarstellung und Imagepflege genutzt. Die Feuerwehr Hamburg, die zweitgrößte Berufsfeuerwehr Deutschlands, hat 61 500 Follower (Stand 2023) auf Instagram. Zum Vergleich: Die Kreisfeuerwehr Oldenburg in Niedersachsen hat 5 200 Follower (Stand 2023). Trotz des großen Unterschieds erreichen beide Feuerwehren viele Menschen und können professionell und zielgerichtet über ihre Arbeit berichten. Die Feuerwehr Hamburg erreicht durch die hohe Anzahl an Followern Interessierte aus ganz Deutschland, während die Kreisfeuerwehr Oldenburg in einem bestimmten Radius arbeitet. In den folgenden Kapiteln wird explizit auf die Nutzung sozialer Netzwerke eingegangen.

2.2.4 Pädagogische Öffentlichkeitsarbeit/Vorbeugung von Gefahren

Dieser Bereich der Öffentlichkeitsarbeit umfasst die Aufklärung über den Umgang mit Feuer und anderen Gefahren. Die pädagogische Öffentlichkeitsarbeit kann je nach Zielgruppe als Brandschutzaufklärung (Erwachsene) oder Brandschutzerziehung (Kinder) bezeichnet werden. Dabei können Themen behandelt werden, die sowohl die Jüngsten als auch die Ältesten in unserer Gesellschaft ansprechen. Wie verhalte ich mich im Brandfall? Wie lautet die Nummer der Feuerwehr und wie setzt man einen Notruf richtig ab? Solche Fragen können auf Veranstaltungen, aber auch über soziale Netzwerke vermittelt werden, sodass eine Interaktion zwischen Feuerwehr und Bevölkerung stattfindet.

Bild 4: ***Schon einfache Maßnahmen lassen Kinderaugen leuchten. (Quelle: Jürgen Bohlken)***

In Niedersachsen sind seit dem 31.12.2015 Rauchmelder in allen Schlaf- und Kinderzimmern sowie in allen Fluren Pflicht. Bis heute muss jedoch immer wieder festgestellt werden, dass diese Pflicht teilweise nicht umgesetzt wird und vielen nicht einmal bekannt ist. Genau hier setzt die Gefahrenabwehr durch Öffentlichkeitsarbeit an. Durch ständige Hinweise und Aufforderungen in Form von Bildern, Informationstexten, Zeitungsartikeln oder Veranstaltungen können wichtige Themen wie diese aufgegriffen und verdeutlicht werden. Jährlich findet ein bundesweiter Rauchmeldertag statt, bei dem z. B. über die jährliche Überprüfung und den Austausch der Rauchmelder nach zehn Jahren aufgeklärt wird. Die 2020 veröffentlichte Studie zur »Wirksamkeit der Rauchwarnmelderpflicht« belegt statistisch: Pro

Jahr werden in Deutschland 68 Menschen vor dem Tod bewahrt. Seit Einführung der Pflicht konnten bereits mehr als 500 Menschen gerettet werden, Tendenz steigend.

Mit ein wenig Recherche können Zahlen und Fakten eine ganz klare Aussage treffen und den Appell der Feuerwehr deutlich wirksamer machen.

2.2.5 Mitgliedergewinnung

Im Jahr 2020 schlug die Freiwillige Feuerwehr Lütjensee (Kreis Stormarn) Alarm, denn die Mitgliederzahl sank auf 39. Um die Einsatzbereitschaft rund um die Uhr zu gewährleisten, kamen die Einsatzkräfte auf eine außergewöhnliche Idee. In Zusammenarbeit mit dem Landesfeuerwehrverband Schleswig-Holstein und einem örtlichen Bäcker entwarf die Wehr bedruckte Brötchentüten. Sie waren rot und auffällig. 50 000 Tüten landeten direkt auf dem Frühstückstisch und mit ihnen die aufgedruckte Botschaft: Wir haben Personalmangel. Heute gibt es unendlich viele Möglichkeiten, Mitglieder zu werben. Dabei sind jedoch einige Grundsätze zu beachten, damit potenzielle Mitglieder Interesse zeigen. Die Feuerwehr muss attraktiv verkauft werden, denn die wenigsten Menschen engagieren sich in ihrer Freizeit unentgeltlich und setzen sich für andere Menschen ein. Kurz gesagt: Die Vorteile müssen überwiegen. Feuerwehren müssen aktiv werden und Werbeaktionen planen und durchführen. Das darf aber nicht »mal eben so« umgesetzt werden. Eine Projektgruppe, die zum Beispiel aus fünf Personen besteht, kann eine zeitlich begrenzte Aktion umsetzen, nur so bleibt die Feuerwehr im Gespräch. Die Vielfalt der Mitglieder sollte genutzt werden, denn eine gute Mischung aus Führungskräften, Jüngeren und Älteren bringt unterschiedliche Perspektiven ein. Die Einbeziehung eines Journalisten oder einer Werbeagentur ist ebenfalls eine Überlegung wert. Zuletzt ist es wichtig, sich Ziele zu setzen, die realistisch sind. Keine Feuerwehr wird in einem Jahr zwanzig neue Mitglieder gewinnen können.

Um viele Mitglieder zu gewinnen, braucht es Ausdauer und die regelmäßige Wiederholung solcher Kampagnen. Wenn das Interesse beim ersten oder zweiten Mal nicht geweckt wurde, dann vielleicht beim dritten Mal. Hier einige Beispiele:

- Präsenz auf Veranstaltungen zeigen
- Arbeitgeber ansprechen (Doppelmitgliedschaft)
- Social-Media-Kanäle nutzen
- Professionelle Imagefilme (z. B. für das örtliche Kino oder YouTube)
- Lokale Medien für sich gewinnen

- Tag der offenen Tür
- Brandschutzerziehung oder Schul-AG

2.2.6 Einsatzdokumentation und rechtliche Aspekte

Für die Einsatzdokumentation, die Öffentlichkeitsarbeit und die Ausbildung benötigt die Feuerwehr Bilder von Einsatzstellen. Doch das ist nicht so einfach. Moralische und rechtliche Grenzen sind zu beachten und sollten in jeder Feuerwehr ein Thema sein. In jedem deutschen Bundesland ist im Feuerwehrgesetz oder mit Verweis auf die Gemeindeordnung verankert, dass Einsatzkräfte über ihnen bekannt gewordene Informationen Verschwiegenheit zu bewahren haben. Auskünfte an die Medien dürfen nur der Wehrführer, der Einsatzleiter oder eine von ihm beauftragte Person erteilen. Beim Fotografieren an der Einsatzstelle ist besondere Vorsicht geboten, da einige Fehler gemacht werden können. Ein schnelles Foto mit dem Smartphone kann rechtliche Folgen haben und ist nur mit Zustimmung des Einsatzleiters erlaubt. Seit 2004 ist das unbefugte Anfertigen oder Verbreiten von schutzwürdigem Bildmaterial verboten und stellt eine Straftat dar. Dies kann mit Freiheits- oder Geldstrafe geahndet werden (§ 201 a Strafgesetzbuch).

Was bedeutet das genau? Im Grundgesetz steht, dass die Wohnung unverletzlich ist (Art. 13 Abs. 1 GG) und jeder das Recht auf informationelle Selbstbestimmung hat (Art. 2 Abs. 1 in Verbindung mit Art. 1 Abs. 1 GG). Die Feuerwehrgesetze der Länder erlauben insoweit eine Einschränkung der genannten Grundrechte, dass Grundstückseigentümer der Feuerwehr im Rahmen der notwendigen Gefahrenabwehr Zutritt gewähren müssen. In jedem Fall muss aber begründet werden können, warum diese Grundrechte eingeschränkt wurden und warum dies unvermeidbar war. Dieser Nachweis ist bei Fotografien kaum zu führen. Zur Wohnung, die unverletzlich ist und nicht fotografiert werden darf, gehören auch umfriedete Grundstücke. Diese können durch Zäune oder Hecken abgegrenzt sein. Zur Privatsphäre gehören zudem die Innenräume von Fahrzeugen, Wohnwagen, Zelten, Hotelzimmer oder Ferienwohnungen. Aufnahmen dürfen nur mit ausdrücklicher Einwilligung des jeweiligen Nutzers gemacht werden. Liegt eine solche Zustimmung vor, muss diese unbedingt dokumentiert und der Betroffene über den Zweck der Aufnahmen informiert werden. Allerdings gibt es auch hier Ausnahmen: Bei Unfällen oder Schädigungen Dritter dürfen Aufnahmen zur Beweissicherung gemacht werden. Demnach ist auch das Fotografieren von versperrten Zufahrten oder falsch geparkten Fahrzeugen erlaubt, wenn diese zu einer Verzögerung des Einsatzes geführt haben. Die Einsatzleitung ist dafür verantwortlich, dass diese Bilder archiviert und gegen Weitergabe geschützt werden.

Gemäß § 22 Kunsturhebergesetz hat jeder das Recht am eigenen Bild. Die jeweilige Person darf allein entscheiden, wann und in welchem Zusammenhang das Bild zu sehen sein soll. Die Veröffentlichung eines Fotos, auf dem eine Person eindeutig zu erkennen ist, ist nur dann zulässig, wenn diese Person ausdrücklich eingewilligt hat. Es bleibt ein Irrglaube, dass es ausreicht, Personen unkenntlich zu machen (durch Verpixeln oder schwarze Balken). Feuerwehrleute im Einsatz dürfen fotografiert werden, wenn an ihrer Tätigkeit ein besonderes öffentliches Interesse besteht. Ein Beispiel: Die Ölspur in einer Nebenstraße einer Stadt weckt kein besonderes öffentliches Interesse. Die Ölspur auf der Bundesstraße mit der Beeinträchtigung des Verkehrs schon. Ein freundliches Einschreiten gegenüber dem Medienvertreter ist nur bei Missachtung der Absperrung zulässig. Wird eine Einsatzkraft selbst zum Opfer, so ist der Opferschutz höher zu bewerten als die Anfertigung von Bildmaterial durch Außenstehende und diese daher verboten.

2.2.7 Risiko- und Krisenkommunikation

2.2.7.1 Allgemeines

Risiko- und Krisenkommunikation dient dazu, Menschen in schwierigen Situationen, wie einem Hochwasser oder Unwetter, einem Stromausfall, einer Gasmangellage, einem Großbrand oder einem Chemieunfall, zu informieren und ihnen zu helfen, sich auf mögliche Gefahren oder Krisen vorzubereiten. Sie ist ein wichtiger Bestandteil des Krisenmanagements und soll dazu beitragen, dass Menschen in Notlagen schnell und effektiv handeln können. Eine erfolgreiche Risiko- und Krisenkommunikation setzt voraus, dass sie transparent, verständlich und glaubwürdig ist. Sie sollte die Bedenken und Ängste der Bevölkerung ernst nehmen und auf diese eingehen. Ein wichtiger Aspekt der Risiko- und Krisenkommunikation ist die frühzeitige Information. Je früher die Menschen über eine mögliche Gefahr oder Krise informiert werden, desto besser können sie sich darauf vorbereiten und desto weniger Falschmeldungen und Mutmaßungen verbreiten sich.

Risiko- und Krisenkommunikation haben oft ähnliche Ziele, können zeitlich jedoch klar voneinander abgegrenzt werden. Während sich Krisenkommunikation auf einen kurzen Zeitraum beschränkt, kommt Risikokommunikation vor und nach Krisen langfristig zum Einsatz.

2.2.7.2 Risikokommunikation

Das Bundesamt für Bevölkerungsschutz und Katastrophenhilfe (BBK) definiert Risikokommunikation für den Bevölkerungsschutz in Deutschland als »Austausch von Informationen und Meinungen über Risiken zur Risikovermeidung, Risikominimierung und Risikoakzeptanz«. Risikokommunikation erfolgt anlassunabhängig, im Idealfall weit im Vorfeld des Ereignisses. Wenn Behörden, Organisationen oder Unternehmen, wie KRITIS (Kritische Infrastrukturen) oder Störfallbetriebe, über mögliche Risiken informieren und mit der Bevölkerung darüber in Austausch treten, ist das Risikokommunikation. So können beispielsweise Hochwassergefahren in bestimmten Wohnlagen kommuniziert werden, um Vorsorgemaßnahmen anzuregen und über Verhaltensweisen zu informieren, durch die sich Menschen in einer Hochwasserlage schützen können. Ist das Hochwasser da, setzt die anlassbezogene Krisenkommunikation ein.

Bild 5: ***Mithilfe dieser Informationsbroschüre werden die Industriepark-Nachbarn über Verhaltenshinweise informiert. (Quelle: Infraserv GmbH & Co. Höchst KG)***

Menschen können sich nur dann auf Risiken vorbereiten, wenn sie diese kennen und sie auch als Risiken einstufen. Die Wahrnehmung eines bestimmten Risikos in der Bevölkerung wird zudem von unterschiedlichen Eigenschaften des Risikos und individuellen Faktoren beeinflusst. Daher können Experten und Bevölkerung das Ausmaß eines Risikos sehr unterschiedlich einschätzen. Menschen, die an einem Fluss leben und selbst schon einmal ein Hochwasser miterlebt haben, nehmen dieses Risiko ganz anders wahr, als Menschen, die selbst noch nie von Hochwasser betroffen waren. Auch beispielsweise im Umfeld eines Chemieparks herrscht in der Bevölkerung ein anderes Bewusstsein für die Gefahr eines Chemieunfalls als in der restlichen Bevölkerung.

Merke:

Eine Informationsbroschüre gibt den Industriepark-Nachbarn Hinweise zum richtigen Verhalten bei einem Chemieunfall, enthält Informationen über die im Industriepark genutzten Stoffe und nennt wichtige Telefonnummern und Online-Adressen.

Aufgabe der Feuerwehren sowie Städte, Gemeinden und Landkreise ist es daher, die Bevölkerung für die jeweiligen Risiken zu sensibilisieren und über Vorsorge- und Selbsthilfe-Maßnahmen aufzuklären. Das fängt bei der Brandverhütung an und reicht bis hin zum Verhalten bei einer Katastrophenlage, wie einem langfristigen und großflächigen Stromausfall. Je besser die Bevölkerung über die jeweiligen Risiken aufgeklärt und darauf vorbereitet ist, desto mehr entlastet dies die Hilfsorganisationen bei der Bewältigung der Lage. Beim Beispiel des Stromausfalls ist es für die Bevölkerung nicht nur relevant, dass sie über einen Lebensmittelvorrat verfügt, sondern auch, wo und wie sie im Notfall Hilfe holen und sich über die Lage informieren kann, wenn Telefon und Internet nicht mehr funktionieren. Viele Kommunen haben hierfür ein Katastrophenschutz-Leuchtturm-Konzept eingeführt. Notstromversorgte Gebäude, wie Feuerwehrhäuser oder das Rathaus, sollen den Bürgern als Anlaufstellen dienen.

Auch wenn jede Situation eine individuelle Kommunikationsstrategie erfordert, gibt es generelle Prinzipien der Risikokommunikation, die stets Anwendung finden sollten. Hierzu zählen eine proaktive, vollständige und transparente Kommunikation, die Entwicklung von verständlichen, auf die jeweiligen Zielgruppen abgestimmten Botschaften sowie Dialogbereitschaft und das Schaffen von Vertrauen.

Die Publikation »Risikokommunikation – Ein Handbuch für die Praxis« des BBK und des Bundesinstitutes für Risikoforschung (BfR) gibt einen übersichtlichen Einstieg in das Thema Risikokommunikation, erläutert wissenschaftliche und rechtliche Grundlagen und enthält Checklisten, die helfen, Strategien für die Risikokommunikation zu entwickeln. Im Gegensatz zur Publikation ist für die Autoren dieses Buches Social Media aus der Risikokommunikation und Krisenkommunikation nicht wegzudenken. Die Bevölkerungsinformation muss dort stattfinden, wo die Menschen sind. Und einen schnelleren und direkteren Dialog mit der Bevölkerung gibt es nicht.

2.2.7.3 Warnung der Bevölkerung

In einer Krise ist oft die Warnung der Bevölkerung die erste und wichtigste Maßnahme der Krisenkommunikation. Die Warnung sollte zeitnah über alle zur Verfügung stehenden Warnmittel ausgesendet werden: Sirenen, Cell Broadcast, Warn-Apps, Radio und Fernsehen, online und Social Media, digitale Stadtinformationstafeln und Fahrgastinformationssysteme, Navigationsgeräte, ggf. Lautsprecherdurchsagen und weitere Warnmittel. Wenn lediglich die Sirenen heulen, fehlen der Bevölkerung wichtige Informationen und ein Großteil der Bevölkerung weiß nicht, wie er sich zu verhalten hat. Daher ist eine anschließende sofortige Krisenkommunikation von enormer Bedeutung. Sie dient dazu, die Bevölkerung über die Lage zu informieren und ihr Verhalten anzuleiten, um mögliche Gefahren abzuwenden oder zu minimieren.

Eine Warnung sollte mindestens folgende Inhalte haben: konkrete Informationen über die Gefahr(en) und das betroffene Gebiet, Handlungsempfehlungen, Verweis auf weitere Informationen und Aktualisierung sowie die Angabe eines eindeutigen, bekannten und glaubwürdigen Absenders. Es empfiehlt sich, auf die Vorlagen (Event- und Instruction-Codes) des Modularen Warnsystems (MoWaS) des BBK zurückzugreifen. Alle im MoWaS als Textbausteine hinterlegten über 130 Handlungsempfehlungen sowie die mehr als 80 Ereignisarten sind von dazu befähigten Warnmitteln, wie der Warn-App NINA, in den Sprachen Englisch, Französisch, Spanisch, Arabisch, Türkisch, Russisch und Polnisch abrufbar. Die Darstellung des nicht-deutschen Textes richtet sich nach der eingestellten Sprache des jeweiligen Smartphone-Betriebssystems.

Der Mythos der panischen Bevölkerung: Die Forschung zeigt, dass irrationales Handeln in extremen Stresssituationen bei Betroffenen selten vorkommt und dass die Mehrheit der Betroffenen auf Warnbotschaften über die Lage angemessen

Bild 6: ***Egal ob Hochwasser, Feuer in einem Chemiepark oder Großbrand: Rechtzeitige und klar verständliche Warnungen mit konkreten Verhaltenshinweisen können Leben retten. (Quelle: Sebastian Baum)***

reagiert (Geenen 2009). Der sogenannte Katastrophenmythos, Menschen würden überwiegend panisch oder irrational auf Stresssituationen reagieren, wurde von der Forschung somit eindeutig widerlegt. Es gibt also keinen Grund, auf eine Warnung zu verzichten, nur um die Bevölkerung nicht zu verunsichern.

Die Fachinformation »Warnbedarf und Warnreaktion« des BBK erläutert die Grundlagen für Warnmeldungen und gibt Empfehlungen.

2.2.7.4 Krisenkommunikation

Als den »Austausch von Informationen und Meinungen während einer Krise zur Verhinderung oder Begrenzung von Schäden an einem Schutzgut« definiert das BBK die Krisenkommunikation. Erfolgreiche Krisenkommunikation setzt eine gute Vorbereitung voraus. Die Grundlagen und organisatorischen Rahmenbedingungen müssen im Vorfeld geschaffen werden. Dazu gehören beispielsweise Informationsmaterialien zu planen und auszuarbeiten sowie ein Krisenkommunikationskonzept zu erarbeiten.

In der Zeit unmittelbar nach Eintreten einer Krise werden wichtige Weichen gestellt. Von den ersten Reaktionen einer Organisation gegenüber ihren Zielgruppen, insbesondere der Presse und der Öffentlichkeit, hängt es ab, ob der Krisenverlauf für die Organisation außer Kontrolle gerät. Kritisch ist beispielsweise das Entstehen von Gerüchten oder Spekulationen. Die Krisenkommunikation prägt entscheidend, wie das Krisenmanagement von der Öffentlichkeit wahrgenommen wird. Selbst ein scheinbar harmloses Ereignis kann zu einer Kommunikationskrise werden.

Wichtig ist, dass die Information nach den Grundprinzipien der Krisenkommunikation erfolgt:

- Schnelligkeit (aktiv und frühzeitig)
- Wahrhaftigkeit (sachlich, transparent und wahr)
- Verständlichkeit (kurz, einfach, unkompliziert, bildhaft)
- Konsistenz (einheitlich, koordiniert und kontinuierlich)

Im Krisenfall eignen sich nur etablierte Kommunikationskanäle, um schnell eigene Informationen zu verbreiten. Voraussetzung für eine effektive Nutzung dieser Kanäle ist allerdings, dass die Organisation bereits im Rahmen der Risikokommunikation und der alltäglichen Öffentlichkeitsarbeit entsprechende Kanäle eingerichtet hat und diese langfristig etabliert sind, bevor sie zu Krisenkommunikationszwecken genutzt werden.

Eine gute Planung im Vorfeld und daraus folgend ein geordneter Ablauf in der akuten Krisensituation schaffen Raum für strategische Überlegungen. Eine unvorbereitete Krisenkommunikation kann ein hohes Risiko darstellen. Daher ist es notwendig, die Fähigkeiten der Organisation in dieser Hinsicht strukturiert und selbstkritisch auf den Prüfstand zu stellen, um anschließend die erforderlichen Vorkehrungen zu treffen. Auf dieser Grundlage sollte ein übergreifender Krisenkommunikationsplan erarbeitet werden, der im Ernstfall ein planbares, sicheres und schnelles Handeln ermöglicht.

2.2.7.5 Interne Krisen

Brandstifter in den eigenen Reihen, Missbrauch in der Jugendfeuerwehr oder ein Einsatz, der nicht wie erwartet verlaufen ist – auch die Feuerwehr selbst kann von einer Krise betroffen sein. Dann gelten ebenfalls die oben erläuterten Grundsätze der Krisenkommunikation.

»Public Relations begins at home« – Grundsätzlich, aber gerade bei einer internen Krise gilt: Intern vor Extern. Es ist zwingend erforderlich, die eigenen Mitglieder und Mitarbeiter schnell und umfassend zu informieren und über anstehende Tätigkeiten aufzuklären. Mit den übergeordneten Führungsstrukturen (Leiter der Feuerwehr, Stadtverwaltung, Bürgermeister, Kreisbrandinspektor, …) sollte bereits im Vorfeld Rücksprache gehalten werden.

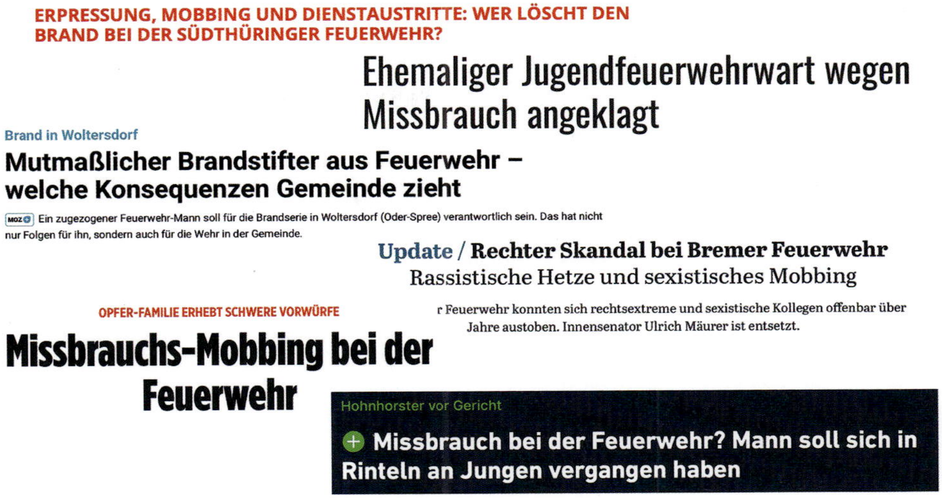

ERPRESSUNG, MOBBING UND DIENSTAUSTRITTE: WER LÖSCHT DEN BRAND BEI DER SÜDTHÜRINGER FEUERWEHR?

Ehemaliger Jugendfeuerwehrwart wegen Missbrauch angeklagt

Brand in Woltersdorf

Mutmaßlicher Brandstifter aus Feuerwehr – welche Konsequenzen Gemeinde zieht

MOZ Ein zugezogener Feuerwehr-Mann soll für die Brandserie in Woltersdorf (Oder-Spree) verantwortlich sein. Das hat nicht nur Folgen für ihn, sondern auch für die Wehr in der Gemeinde.

Update / Rechter Skandal bei Bremer Feuerwehr

Rassistische Hetze und sexistisches Mobbing

r Feuerwehr konnten sich rechtsextreme und sexistische Kollegen offenbar über Jahre austoben. Innensenator Ulrich Mäurer ist entsetzt.

OPFER-FAMILIE ERHEBT SCHWERE VORWÜRFE

Missbrauchs-Mobbing bei der Feuerwehr

Hohnhorster vor Gericht

Missbrauch bei der Feuerwehr? Mann soll sich in Rinteln an Jungen vergangen haben

Bild 7: *Medien-Headlines von internen Feuerwehr-Krisen*

Bei der Wahl der Krisenkommunikationsstrategie ist es von großer Bedeutung, ob man sich für eine offensive oder defensive Kommunikation entscheidet:

Zu einer offensiven Kommunikation gehört, die direkten und indirekten Ursachen und Auswirkungen der Krise anzusprechen und die Verantwortung zu übernehmen sowie dies anhand von Handlungen zur Krisenbewältigung zu verdeutlichen. Der Vorteil der offensiven Kommunikation ist in der Regel, dass die Informationsbedürfnisse von Presse und Öffentlichkeit weitaus mehr befriedigt werden, als dies von einer defensiven Kommunikation zu erwarten wäre. Zudem wird die Gefahr der falschen oder einer fehlerhaften Berichterstattung gemindert.

Eine defensive Kommunikationsstrategie eignet sich nur in solchen Krisen, in denen eine Organisation mit geringer öffentlicher Aufmerksamkeit rechnet. Sie zeichnet sich durch eine zurückhaltende Informationspolitik aus. Der Vorteil könnte sein, dass eine Krise als solche nicht an die Öffentlichkeit dringt. Der Nachteil könnte sein, dass sich Medien andere Quellen und Informationskanäle suchen. Damit verliert die Organisation selbst die Informationshoheit und so auch Vertrauen und Glaubwürdigkeit.

Merke:

Ein bedeutender Teil des Krisenmanagements ist die Krisenkommunikation. Sie verlangt ebenso wie das Krisenmanagement klare Strukturen und vorbereitete Strategien. In Krisen ist es erforderlich, bei allen Verantwortlichen den gleichen Informations- und Wissensstand sicherzustellen sowie Medien und Bevölkerung möglichst umfassend, aktuell, widerspruchsfrei und wahrheitsgemäß zu informieren. Schnelligkeit, Wahrhaftigkeit, Verständlichkeit und Konsistenz sind die wichtigen Grundprinzipien der Krisenkommunikation.

Der »Leitfaden Krisenkommunikation« des Bundesministeriums des Innern und für Heimat hilft bei der Erhebung, Analyse und Optimierung von externer und interner Krisenkommunikation und erleichtert allen Beteiligten, ein gemeinsames Verständnis von Krisen zu entwickeln.

2.3 Arbeitsweise von lokalen Presseredaktionen

2.3.1 Allgemeines

Morgens nicht zu wissen, was der Tag alles bringt – das beschreibt die Situation in Redaktionen bei Tageszeitungen. Wer einen klassischen »9-to-5«-Job sucht, ist hier falsch. Dafür bringt der Alltag viel Abwechslung mit sich. Redakteure müssen sehr flexibel reagieren und sich schnell auf neue Ereignisse und Entwicklungen einstellen können. Verstärkt wird dies durch die rasante Entwicklung der digitalen Welt. Alles, was den Bereich »Online« betrifft, wird immer wichtiger und hat inzwischen Priorität. Das Leseverhalten ändert sich, also ändert sich auch die redaktionelle Arbeit. Lokale Presseredaktionen müssen schneller zuverlässige Informationen in einer Medienlandschaft liefern, in der ständig alles verfügbar ist.

Dabei geht es aber nicht nur darum, sich in einem Überangebot an Informationen zu behaupten, sondern vor allem darum, zuverlässige Quellen und Nachrichten zu liefern. Jeder kann heutzutage mit Smartphones und Internet alles nur Denkbare verbreiten. Ungefilterte Daten sind zuhauf zu finden, die sozialen Medien tragen einen großen Teil dazu bei. Journalisten ordnen die Daten durch Recherche richtig ein. Um das gewährleisten zu können, gibt es täglich Redaktionskonferenzen, in denen die Mitarbeitenden aktuelle Themen besprechen, Ideen diskutieren und Aufgaben verteilen. Gibt es im Laufe des Tages neue Entwicklungen, müssen die

Redakteure umplanen, sich neu organisieren und neu priorisieren. Der Austausch untereinander spielt also eine große Rolle.

Grenzen gesetzt werden den Redakteuren vor allem im Printbereich: Das können zum einen Vorgaben zu den Textlängen sein, die auch durch die begrenzte Seitengröße und -anzahl entstehen, zum anderen durch den Redaktionsschluss. Die Tageszeitung, die morgens im Briefkasten sein soll, muss natürlich vorher gedruckt werden. Hier hat das Internet einen Vorteil: Es gibt keine Beschränkung, News können jederzeit online gehen.

Die Verlagerung des Schwerpunkts auf Online führt zum Teil zu einer weiteren einschneidenden Veränderung der Arbeitsweise in (Lokal-)Redaktionen: die Trennung von »Schreibenden« und »Producern«. Die schreibenden Redakteure konzentrieren sich auf die Recherche und das Schreiben der Texte. Die Producer layouten aus den fertigen Texten die Seiten für die gedruckte Tageszeitung und steuern, wann welcher Artikel online gestellt wird. So können sich die Redakteure auf die Inhalte fokussieren. Doch wie kommen sie zu diesen Inhalten?

2.3.2 Themenfindung

Natürlich müssen aktuelle Nachrichten und Entwicklungen aus Politik, Gesellschaft, Kultur etc. sich in den Themen widerspiegeln. Außerdem laden Vereine, Kommunen, Firmen und weitere Akteure zu Pressegesprächen ein oder schicken Pressemitteilungen.

Um über Aktuelles vor Ort im Bilde zu sein, sind vor allem im Lokaljournalismus zudem Kontakte und Gespräche mit Menschen von enormer Bedeutung. Über den »Buschfunk« lässt sich so einiges erfahren, was offiziell noch nicht bekannt ist. Im Lokaljournalismus macht hierfür eine gute Zusammenarbeit mit den lokalen Akteuren viel aus, um schnell an gesicherte Informationen zu kommen.

Aber auch hier spielt das Internet mittlerweile eine größere Rolle: Was im Netz diskutiert wird, kann einem bei der Einordnung der Relevanz eines Themas helfen. Außerdem ergibt sich durch die digitalen Angebote der Zeitungen (Homepage, E-Paper, App, Social-Media-Kanäle) die Möglichkeit, genau zu verfolgen, welche Artikel bei den Lesern gut ankommen und welche nicht. Das gibt ebenfalls eine Orientierung bei der Themenauswahl.

Bild 8: ***Redakteure sind stetig auf der Suche nach spannenden Themen. Dazu sind regelmäßige Besprechungen von großer Bedeutung. (Quelle: Lorena Scheuffgen)***

2.3.3 Recherche

Ist das Thema festgelegt, beginnt die eigentliche Arbeit. Die Recherche macht einen großen und wichtigen Teil der redaktionellen Arbeit aus. Je nach Thema können dies Recherchen in Archiven, im Internet oder durch Gespräche sein. In den meisten Fällen ist es eine Kombination aus verschiedenen Quellen. Dies dient auch dazu, sich Hintergrundwissen anzueignen oder sich auf Gespräche vorzubereiten.

Meist sucht man sich einen oder mehrere passende Ansprechpartner, »Experten« auf dem jeweiligen Gebiet, die entweder allgemein etwas sagen können oder selbst betroffen sind und ihre persönliche Sicht der Dinge schildern. Gerade bei schwierigen Themen, die umstritten sind, sollten alle beteiligten Parteien befragt werden und in der Berichterstattung zu Wort kommen. Denn die Aufgabe der Redaktion ist es, sachlich zu berichten und sich nicht auf eine Seite zu stellen.

Bild 9: ***An der Einsatzstelle wird das Material direkt hochgeladen und angeboten, um einen Zeitvorteil zu bekommen.***

Wichtig sind dabei in jedem Fall die »W-Fragen«: Was ist wann wie wo passiert, wer war beteiligt und woher weiß ich das? Letzteres hat eine besondere Bedeutung: Quellen anzugeben ist essenzieller Bestandteil eines seriösen Journalismus.

2.3.4 Verarbeitung

Welche journalistische Form eignet sich am besten für ein Thema? Was will ich vermitteln? Diese Fragen sind schon vor der Recherche relevant, spätestens aber dann, wenn es an das Schreiben geht. Ein kurzer Überblick über einige Textformen: Der Bericht ist nachrichtlich orientiert, schildert einen Sachverhalt ohne Wertung. Interviews sind Frage-Antwort-Stücke und eignen sich vor allem, wenn eine Person ein bestimmtes Thema erklärt oder einordnet. Die Reportage ist ein sehr beschreibender Text, in dem der Reporter den Leser »mitnimmt«, ihm durch seine Beschreibungen das Gefühl gibt, selbst vor Ort zu sein. Im Kommentar bezieht der Redakteur Stellung, hier geht es um die eigene Meinung.

Stehen Thema, Recherche und Textform, geht es darum, die gesammelten Informationen zusammenzutragen. Sie müssen für die Zielgruppe aufbereitet und möglichst klar verständlich formuliert sein. Dabei fungieren Redakteure als eine Art Vermittler zwischen »Fachleuten« und »Lesern«: Das Wissen muss so vermittelt werden, dass es ohne Vorwissen gut verständlich sein sollte. Heißt auch, dass zu viel Fachsprache, Beschreibungen, die sehr ins Detail gehen, oder Behördensprache vermieden werden. Ein konsequenter roter Faden hilft dabei, zu filtern, was für den Artikel relevant ist.

Neben den eigenen Artikeln ist ein großer Teil der Arbeit in Lokalredaktionen das Redigieren von eingeschickten Presseberichten: also die Bearbeitung und Aufbereitung. Hierbei gilt natürlich grundlegend dasselbe: Die wichtigsten Informationen müssen enthalten und verständlich aufbereitet sein. Gute Pressearbeit der lokalen Akteure erleichtert den Redaktionen also erheblich die Arbeit.

2.4 Arbeitsweise von freien Presseredaktionen

2.4.1 Allgemeines

Die lokalen, aber auch überregionalen Presseredaktionen können mit ihren eigenen festangestellten Redakteuren, Fotografen oder Kamerateams nur wenige Themen selbst recherchieren und Inhalte produzieren. Hier kommen die freien Redakteure ins Spiel. Sie arbeiten völlig unabhängig (freie Journalisten) oder regelmäßig und häufig exklusiv mit einer bestimmten Redaktion (feste-freie Journalisten) zusammen. Daneben gibt es Presseagenturen, die wiederrum mit festangestellten oder freien/fest-freien Journalisten arbeiten. Eins haben sie alle gemeinsam: Sie nehmen sich eigenständig Themen an, recherchieren, produzieren und versuchen ihre Arbeit an Redaktionen zu verkaufen. Oder sie werden von der Redaktion im Vorhinein beauftragt, sich eines bestimmten Themas oder Termins anzunehmen.

Bild 10: ***Ein freier Videojournalist interviewt den Einsatzleiter bei einem Flugzeugabsturz. (Quelle: Michael Ehresmann)***

2.4.2 Themenfindung

Damit das gelingt, haben sich freie Journalisten oft auf bestimmte Themen, die von den Redaktionen selbst oft nicht abgedeckt werden oder bei denen sie durch ein gutes Netzwerk und Kontakte einen Vorteil haben, spezialisiert. Die freien Journalisten stehen mitunter aber gegenseitig in Konkurrenz, sodass der sowieso schon hohe Zeitdruck nochmals verstärkt wird.

Gerade im Bereich der Einsatzberichterstattung von Feuerwehr, Polizei und Co. haben sich in ganz Deutschland einige Agenturen etabliert, die sich auf die sogenannten »Blaulichtnews« spezialisiert haben. Sie sind oft die ersten Journalisten vor Ort. Doch wie schaffen sie das? Durch ihre Spezialisierung sind die Agenturen und deren Reporter oft bei den Einsatzkräften gut bekannt. Neben den offiziellen Informationskanälen, wie Presse-Sofort-Infos von Feuerwehren oder Leitstellen über

E-Mail oder SMS – teilweise auch Pager –, verfügen die Reporter über ein sehr gutes Informationsnetzwerk. Aufmerksame Bürger geben beispielsweise über Infohotlines oder in örtlichen Facebook-Gruppen Anhaltspunkte über ein interessantes Ereignis. Aber auch Einsatzkräfte selbst, ob offiziell oder inoffiziell, geben Informationen über laufende Einsätze weiter. Mitunter sind die Reporter auch selbst Mitglied einer BOS (Behörden oder Organisation mit Sicherheitsaufgaben) und haben darüber Zugang zu Informationsquellen – oder verschaffen sich unabhängig davon Zugang zu Informationsquellen.

Vor Ort gilt es für die Reporter, die Geschichte hinter dem Ereignis einzufangen. Die Meldung über den Brand oder Verkehrsunfall selbst reicht oft nicht aus, um das Material (überregional) zu verkaufen. Je menschlicher, je boulevardesker die Story, desto besser. Dazu bedarf es Bild- und Videomaterials von dem Ereignis selbst und O-Töne mit verschiedenen Beteiligten, also Interviews mit Feuerwehr- und Polizeikräften, aber auch Zeugen oder Beteiligten.

2.4.3 Verarbeitung

Ist der freie oder fest-freie Journalist mit der Lieferung eines fertigen Artikels beauftragt, nimmt die Redaktion in der Regel nur geringe Anpassungen vor. Bei Bildmaterial wird der Redaktion oft eine Auswahl zur Verfügung gestellt, aus der sie sich bedient. Videomaterial wird meist als Rohmaterial übermittelt. Das heißt, die TV- oder Online-Redaktion erhält das gesammelte gefilmte Material und erstellt den Beitrag im Schnitt selbst. Der Reporter hat hier in der Regel keinen Einfluss auf die Auswahl und Machart des Beitrags. Presserechtlich verantwortlich ist in allen Fällen die veröffentlichende Redaktion.

Abnehmer sind neben lokalen und regionalen Zeitungen, Nachrichtenportalen oder Radio- und Fernsehsendern auch überregionale Nachrichtenformate. Im TV sind das vor allem Boulevard-Sendungen wie Brisant, Explosiv oder Punkt 12.

Gerade Presseagenturen treten oft auch selbst als Nachrichtenportal auf. Dies dient einerseits dazu, die Redaktionen über das Angebot an Themen zu informieren, andererseits greifen auch viele Endnutzer auf die News zu und informieren sich darüber über das Ereignis. Auch die Social-Media-Kanäle der Agenturen haben oft eine hohe Reichweite.

2.4.4 Finanzierung

Freie Journalisten, egal ob frei, fest-frei oder über eine Agentur, verdienen nur mit abgedruckten, veröffentlichten oder gesendeten Inhalten. Bei Texten wird meist pro Zeile gezahlt, Fotos werden nach Stückzahl und Videomaterial wird in der Regel nach gesendeten Minuten bezahlt. Gerade bei fest-freien Journalisten und Agenturen bestehen Rahmenverträge, die die Bezahlung individuell festlegen. Da die jeweiligen Honorare oft nicht sonderlich hoch sind, sind die freien Journalisten bestrebt, mehrere Medien anzubieten – also neben dem Text auch ein Foto zu liefern oder neben Fotos auch Bewegtbild. Dennoch sind die freien Journalisten stark vom restlichen Nachrichtengeschehen abhängig. Passiert irgendwo anders ein schlimmeres Unglück oder ein Ereignis mit einer besseren Story, gehen sie mitunter leer aus.

2.5 Die relevanten Medien für die Pressearbeit

Für Pressesprecher ist es unerlässlich, die verschiedenen Medien und ihre Formate zu kennen und regelmäßig zu verfolgen. Dies gilt insbesondere für die immer wiederkehrenden lokalen Zeitungen, Radio- und Fernsehsender. Dazu gehören aber auch Online- und Social-Media-Plattformen, die zum Teil eine höhere Verbreitung haben als die klassischen Wege. Gerade hier lassen sich häufig anhand von Reaktionen und Kommentaren Rückschlüsse auf die Verbreitung und öffentliche Wahrnehmung eines Beitrags ziehen.

Eine regelmäßige Auswertung der verschiedenen Medienformate ermöglicht es, die eigene Pressearbeit noch besser auf die Bedürfnisse und Themenschwerpunkte der Medien abzustimmen. So können Themen gezielt in die dafür am besten geeigneten Medien gesteuert werden, um eine möglichst hohe Erreichung der geplanten Zielgruppe zu bewirken.

Praxisbeispiel – Die richtige Meldung an das richtige Medium

Beispielsweise sollte die Pressemitteilung zur Werbung für den Tag der offenen Tür nicht nur an die üblichen lokalen Pressevertreter geschickt werden, sondern auch an lokale Stadtteilzeitungen und -magazine, die ansonsten eher unbedeutend sind. Bei einer Nachwuchskampagne für die Jugendfeuerwehr eines Stadtteils kann ein Artikel in der Schülerzeitung des örtlichen Schulzentrums wirkungsvoller sein als eine kurze Meldung im Lokalteil der Zeitung.

Um Presseinformationen möglichst effizient zu steuern, sollte eine Übersicht der relevanten Presseorgane und deren Kontaktdaten erstellt und regelmäßig gepflegt werden. Dabei empfiehlt es sich, die Pressemedien in Kategorien einzuteilen, die eine schnelle Auswahl beim Versand von Pressemitteilungen ermöglichen. Relevante Kriterien sind:

- Art des Mediums
- Online- und Social-Media-Präsenz vorhanden
- Lokal/regional/überregional
- Themenschwerpunkte

Aus diesen Daten lassen sich leicht Presseverteiler erstellen. Neben einem großen Verteiler, der alle Medien umfasst, bieten sich spezielle Presseverteiler für bestimmte Themen an.

Auch die Veröffentlichung von Nachrichten über sogenannte Presseportale, bei denen sowohl E-Mail-Verteiler hinterlegt sind, die aber auch von Journalisten in Eigeninitiative regelmäßig besucht bzw. abonniert werden, eignet sich hervorragend zur Verbreitung insbesondere von einsatzbezogenen Pressemitteilungen. Das von Feuerwehren und Polizeidienststellen in Deutschland derzeit am häufigsten genutzte Portal ist das »Presseportal« der dpa-Tochter »news-aktuell«. Es verfügt über eine

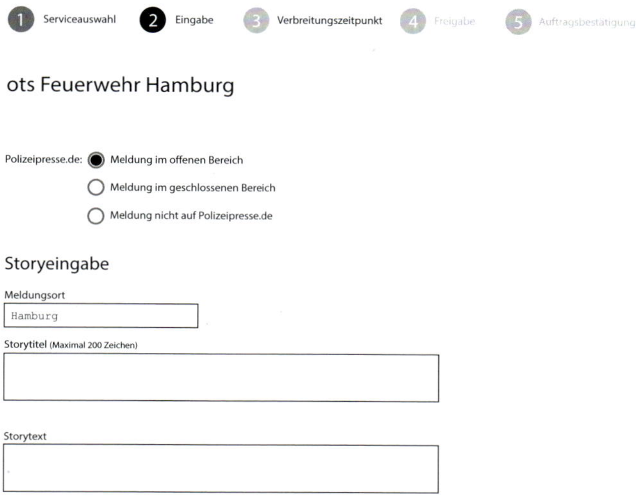

1 Serviceauswahl 2 Eingabe 3 Verbreitungszeitpunkt 4 Freigabe 5 Auftragsbestätigung

ots Feuerwehr Hamburg

Polizeipresse.de: Meldung im offenen Bereich
Meldung im geschlossenen Bereich
Meldung nicht auf Polizeipresse.de

Storyeingabe

Meldungsort
Hamburg

Storytitel (Maximal 200 Zeichen)

Storytext

Bild 11: ***Im Presseportal können durch eine Webanwendung Pressemitteilungen per Computer oder Smartphone an alle Medien versandt werden.***

eigene Rubrik »Blaulicht« und wird von allen großen Nachrichtenagenturen berücksichtigt. Die webbasierte Eingabe der Meldungen ist einfach und neben dem Text können auch Bilddateien veröffentlicht werden. Sowohl über die verfügbare App als auch über die Weboberfläche können die Pressemitteilungen auf Twitter/X und Facebook geteilt und bestimmte Dienste abonniert werden. Die App verfügt zudem über eine Push-Funktion für abonnierte Seiten, sodass ein Monitoring auch für andere Dienste, z. B. benachbarte Feuerwehren oder die Polizei, möglich ist.

2.6 Grundlagen Pressemitteilung

Die Pressemitteilung dient der Veröffentlichung von verfassten und redigierten Texten in der Presse. Mit ihr kann man über Ereignisse, Ankündigungen, Veranstaltungen oder Hinweise informieren und sie über einen Presseverteiler oder per E-Mail an die zuständigen Medienvertreter versenden. Sie ist das meistgenutzte Instrument im Bereich der Öffentlichkeitsarbeit und stellt eine Verbindung zwischen Feuerwehr und Medien her. Im Zusammenhang mit der Feuerwehr sollten nur belegbare Daten und Fakten geliefert werden. Je professioneller eine Pressemitteilung aufbereitet ist, desto größer ist die Chance, dass sie von den Medien verwendet wird. In ▶ Kapitel 3 wird näher auf die Details der Pressemitteilung eingegangen.

2.7 Grundlagen Interview

In einem Interview zwischen Pressevertretern und der Feuerwehr werden gezielte Fragen gestellt, um den Einsatz und die eingeleiteten Maßnahmen wiederzugeben. Dabei stehen sich beide Parteien gegenüber und führen einen Frage-Antwort-Dialog. Bei einem Interview geht es nicht nur um das Was, sondern vor allem um das Wie. Ein sicheres und kompetentes Auftreten des Pressesprechers ist unerlässlich, denn nur so kann die Feuerwehr eine positive Außenwirkung erzielen. In ▶ Kapitel 3 wird näher auf die Details des Interviews eingegangen.

2.8 Grundlagen Pressekonferenz

Eine Pressekonferenz ist eine Veranstaltung, zu der Journalisten eingeladen werden, um über ein Ereignis aus verschiedenen Blickwinkeln zu informieren. Solche Ereignisse können größere oder besondere Einsätze sein, die ein großes Medienecho hervorrufen. Aber auch ein Jahresbericht oder die Vorstellung eines neuen Fahrzeugs können Anlass für eine Pressekonferenz sein. Teilnehmer können der Bürgermeister, der Amtsleiter der Feuerwehr, der Polizeipräsident, der Pressesprecher oder der Innensenator sein. Je nach Einsatzlage kann sich die Konstellation ändern und es können weitere Personen hinzukommen. Auf die Einzelheiten der Pressekonferenz wird in ► Kapitel 3 näher eingegangen.

3 Pressearbeit im Einsatz

3.1 Auftrag der Medien und Arbeitsweise der Journalisten

Woher kommt diese Neugier, der wir uns alle nicht entziehen können? Es ist die Fähigkeit, Neues zu entdecken. Neugier ist uns angeboren, damit wir unsere Umwelt kennen und verstehen lernen. Nur so kann sich unser Gehirn entwickeln. In den ersten Lebensjahren bildet sich das neuronale Netzwerk. Wenn wir es nicht nutzen, verkümmert es. Damit das nicht passiert, treibt uns unsere Neugier an. Bei aktuellen Ereignissen, z. B. einem Unfall, ist es tief im Menschen verankert, dass er aus Neugier nicht wegschaut. Ein Problem, das an Einsatzstellen zu Schwierigkeiten oder gar Behinderungen führen kann. Immer wieder stehen Schaulustige an den Einsatzstellen der Feuerwehren und behindern teilweise deren Arbeit. In den meisten Fällen handelt es sich um Menschen, die ihre Neugier befriedigen wollen.

Hier setzt die Pressearbeit an. Ausgebildete Journalisten und Medienvertreter tragen täglich Nachrichten in die Welt hinaus, damit die Bevölkerung über aktuelle Ereignisse informiert wird. Sie wissen, wie man sich an Einsatzstellen der Feuerwehr verhält und was man rechtlich und moralisch fotografieren darf (Pressekodex). »Schlimme Bilder« werden nicht gemacht und verbreitet. Es wird sachlich und neutral über die Arbeit der Feuerwehr berichtet.

Beispiel:

Bei einem Verkehrsunfall hält der Kameramann aus der Ferne auf das zerstörte Auto, in dem noch eine Person eingeklemmt ist. Die Feuerwehrleute arbeiten am Fahrzeug und führen die technische Rettung durch. Das Unfallopfer ist nicht zu sehen. Der Kameramann berichtet in diesem Fall nicht explizit über das Opfer, sondern über die Arbeit der Feuerwehr und die allgemeine Situation. Grund: Die Medien haben einen Bildungsauftrag und eine Informationspflicht, der sie nachkommen müssen. Im folgenden Kapitel werden die rechtlichen Grundlagen für die Presse erläutert.

3.2 Presserecht, Pressefreiheit, Bildrechte

Pressefreiheit ist die Freiheit der Medien. Warum die Pressefreiheit so wichtig ist und warum sie immer wieder verteidigt wird, hat das Bundesverfassungsgericht in einem prägnanten Satz formuliert: Die Pressefreiheit ist konstitutiv für das demokratische Gemeinwesen. Warum ist das so? Wenn in einem demokratischen Gemeinwesen Wahlen stattfinden, brauchen die Wähler Informationen. Diese Informationen bilden die Grundlage für die Meinungsbildung. Bis in die frühen 2000er-Jahre war es sehr einfach, Informationen zu erhalten. Die einzigen Massenmedien, die es gab, waren im Wesentlichen Zeitungen, Radio und Fernsehen. Mittlerweile gibt es das Internet und damit auch Blogger, Influencer oder Youtuber, die Reichweiten erzielen, die früher nicht einmal die BILD-Zeitung erreicht hat. Das macht es schwierig, den Pressebegriff neu zu definieren und zu klassifizieren, wer unter die Pressefreiheit fällt. Artikel 5 des Grundgesetzes besagt, dass die Pressefreiheit ein verfassungsrechtlich geschütztes Gut ist und garantiert wird. Damit hat alles, was mit Bildrechten, Äußerungsrechten oder Namensnennungen zu tun hat, einen Berührungspunkt mit dem Verfassungsrecht. Die Grundfrage ist immer: Ist mein Handeln durch das Grundrecht der Pressefreiheit gedeckt oder nicht? Das Presse- und Medienrecht ist Landesrecht. Das heißt, es gibt 16 Landespressegesetze. Diese sind im Wesentlichen einheitlich und sehr ähnlich. Im Niedersächsischen Pressegesetz (NPresseG) heißt es in § 1 Pressefreiheit: Die Presse ist frei. Sie ist der freiheitlichen demokratischen Grundordnung verpflichtet.

In diesem Pressegesetz ist beispielsweise auch geregelt, wann Auskünfte verweigert werden dürfen oder dass es nach § 6 eine Sorgfaltspflicht der Presse gibt und Vertreter der Medien ihre Recherchen gewissenhaft und ehrlich betreiben müssen. Jeder Feuerwehrangehörige, der mit Presse und Medien zu tun hat, ist gut beraten, das jeweilige Landespressegesetz aufmerksam zu lesen.

Gesichert kann man sagen, dass Journalisten gegenüber der Feuerwehr ein Informationsrecht nach § 4 des NPresseG haben. Das liegt daran, dass öffentliche Stellen, also auch die Feuerwehr, verpflichtet sind, über Ereignisse Auskunft zu geben. Im ersten Absatz des Paragrafen heißt es: »Die Behörden sind verpflichtet, den Vertretern der Presse die zur Erfüllung ihrer öffentlichen Aufgabe erforderlichen Auskünfte zu erteilen.«

Unter bestimmten Voraussetzungen können Behörden auch Auskünfte verweigern, um Ermittlungen nicht zu gefährden oder keine Panik auszulösen.

Nach Abs. 2 können darüber hinaus Auskünfte verweigert werden, wenn

1. durch sie die sachgemäße Durchführung eines schwebenden Verfahrens vereitelt, erschwert, verzögert oder gefährdet werden könnte.
2. Geheimhaltungsvorschriften entgegenstehen.
3. ein überwiegendes öffentliches oder ein schutzwürdiges privates Interesse verletzt würde.
4. ihr Umfang die Grenzen des Zumutbaren überschreitet.

In keinem Fall dürfen Behörden lügen oder falsche Angaben machen. Die einzige Möglichkeit besteht darin, keine Aussage zu machen und die Frage der Journalisten nicht zu kommentieren.

Um einordnen zu können, wem gegenüber man als Feuerwehr auskunftspflichtig ist, muss man wissen, wer Journalist ist und wer nicht. Der Begriff Journalist ist nicht geschützt und kann, vereinfacht gesagt, von jeder Person genutzt werden. Es ist möglich, dass sich eine Person Journalist nennt, ohne eine in dem Bereich abgeschlossene Ausbildung zu haben. Mit einem Presseausweis verfügt ein Journalist über einen Nachweis seiner Professionalität. Die Beantragung ist nicht so einfach. Man muss bei einem der sechs Medienverbände nachweisen, dass man hauptberuflich journalistisch tätig ist. Das können Rechnungen oder Verträge sein. Aber aufgepasst: Der Besitz eines Presseausweises bedeutet nicht automatisch, dass diese Person auch vor Ort als Journalist tätig ist.

Merke:

Der bundeseinheitliche Presseausweis ist am Logo des Deutschen Presserats und der Unterschrift des Vorsitzenden der Innenministerkonferenz zu erkennen.

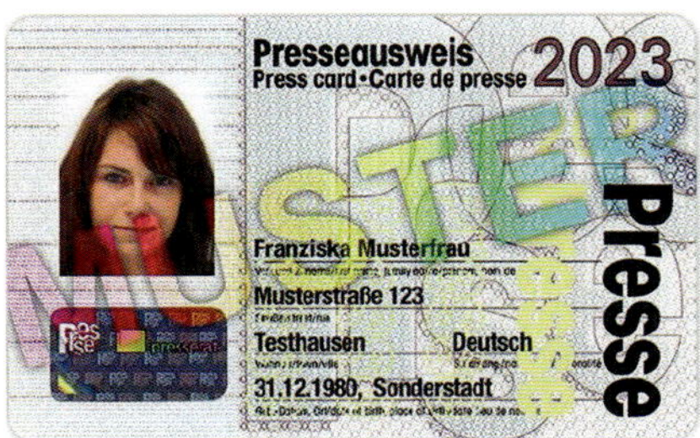

Bild 12: ***Musterbeispiel Presseausweis des Deutschen Journalisten-Verbandes (DJV). (Quelle: DJV-NRW)***

Theoretisch hat jede Person, die sich Journalist nennt, das Recht auf eine Auskunftspflicht seitens der Feuerwehr. Die Gleichbehandlung gegenüber den Medien, z. B. einer Zeitung, muss gewährleistet sein. Es ist unzulässig, der einen Zeitung Informationen zu geben und der nächsten diese auf Nachfrage zu verweigern.

Es ist aber auch sinnvoll, die Presse- und Öffentlichkeitsarbeit innerhalb der Feuerwehr zu strukturieren. Es ist eine Person zu benennen, die gegenüber der Presse auskunftsberechtigt ist, um die von der Feuerwehr herausgegebenen Informationen unter Berücksichtigung der damit verbundenen Risiken zu filtern und zu kanalisieren. Dies ist ein wichtiger Punkt, da die Feuerwehr durch Falschmeldungen, Persönlichkeitsrechtsverletzungen durch Pressemeldungen oder Auskünfte selbst haftbar gemacht werden kann. Das ist nicht ungefährlich, wenn falsche Informationen gegeben werden. Die Folgen können gravierend sein und die Person muss sich juristisch verantworten. Innerhalb der Feuerwehr müssen klare Zuständigkeiten festgelegt werden.

Für die Informationsweitergabe muss eine Person gefunden werden, die auch unter Druck und Stress die richtigen Worte findet. Es ist sinnvoller, ein Interview in einer dynamischen Situation am Ende des Einsatzes zu geben, als hektisch und falsch zu informieren. Dies hat auch den Vorteil, dass die Person kurz über ihre Sätze nachdenken und die Arbeit der Feuerwehr professionell darstellen kann.

Abschließend lässt sich zu diesem Thema sagen, dass die soziale Interaktion viel wichtiger ist als die rechtlichen Fragen. Wenn man anfängt, auf sein Recht zu pochen, ist es längst zu spät. Regelmäßige Gespräche und ein respektvolles Miteinander sind der Schlüssel zum Erfolg.

3.3 Pressearbeit im Einsatz

»Krisenkommunikation und die Warnung der Bevölkerung sind wie ein Leuchtturm in stürmischer See – sie müssen transparent strahlen, ehrlich den Kurs anzeigen und kontinuierlich ihr Licht der Information ausstrahlen, um die Sicherheit aller zu gewährleisten.«
– Jannik Stiller –

3.3.1 Vorbereitung ist alles – Organisation einer guten Pressearbeit im Einsatz

Die Planung der Pressearbeit beginnt im Kopf. Was sind die eigenen Ziele? Wo soll die Öffentlichkeitsarbeit in Zukunft stehen?

Zunächst sollte man sich überlegen, was man für eine professionelle Presse- und Öffentlichkeitsarbeit vor Ort benötigt. Für den Anfang ist dies nicht viel. Hier gibt es viele verschiedene Meinungen, aber folgende Punkte sollten nicht fehlen:

- Persönliche Schutzausrüstung für die Arbeit am Einsatzort
- Kennzeichnung des Pressesprechers (Kennzeichnungsweste oder Rückenweste)
- Notizblock mit Stift oder in digitaler Form
- Fotoapparat

Bild 13: ***Zur Kennzeichnung der Pressesprecher werden in den meisten Feuerwehren grüne Funktionswesten genommen. Sie können einer Person zugewiesen oder zentral auf einem Fahrzeug gelagert werden.***

Diese Ausrüstungsgegenstände können je nach Absprache auf einem Fahrzeug oder direkt beim Sprechenden untergebracht sein. In einigen Fällen gibt es jedoch keine feste Ansprechperson für die Presse, sodass ein Einsatzleiter oder eine beauftragte Person jederzeit Zugriff auf die Ausrüstung haben muss. Zusätzliche Hilfsmittel wie ein Funkgerät oder ein Diensttelefon können die Arbeit erleichtern. Je nach Zuständigkeit kann ein Pressesprecher für eine Ortsfeuerwehr, eine Gemeinde, einen Landkreis oder eine Stadt eingesetzt werden.

Ist der Zuständigkeitsbereich größer als eine Feuerwehr, bietet sich die Beantragung eines Funkgerätes an. Denn unterschiedliche Schilderungen der Anrufer in der Leitstelle können Stichworte auslösen, die sich im Nachhinein als falsch herausstellen. Wird die 15 bis 20 Kilometer entfernte Feuerwehr XY zu einem Dachstuhlbrand alarmiert, kann die Rückmeldung abgewartet und ggf. die Presse informiert werden. Nicht selten stellen sich solche Alarmierungen als Missverständnisse heraus, weil dichter Kaminrauch mit einem Schadenfeuer verwechselt wurde. Diese Möglichkeit

Bild 14: ***Funkgeräte eignen sich ideal für die Informationsgewinnung vor und während des Einsatzes.***

erspart die Anfahrt, meist mit dem Privatfahrzeug. Andersherum können frühzeitig Informationen gewonnen und die Medienvertreter benachrichtigt werden.

Merke:

Grundsätzlich sollte bei der Besetzung der Position des Pressesprechers darauf geachtet werden, dass die Wahl auf eine motivierte Person fällt. Wichtig ist, dass die Person Lust auf Presse- und Öffentlichkeitsarbeit hat und nicht zufällig ausgewählt wurde.

Zusätzlich zur Ausrüstung sollten regelmäßig Fachseminare für Feuerwehren und Kameratrainings besucht werden. Dies verbessert nicht nur das Auftreten in der Öffentlichkeit, sondern ist sogar notwendig. Es darf nicht vergessen werden, dass die Person in dieser Funktion das Sprachrohr des Leiters der Feuerwehr ist und offizielle Stellungnahmen in der Öffentlichkeit abgibt. Daher muss auch die Wortwahl angepasst werden, da die Außenwirkung eine wichtige Rolle spielt.

Bild 15: ***In der Feuerwehr- und Rettungsleitstelle laufen alle Informationen zusammen. Von hier aus werden in den meisten Städten die Pressevertreter zu aktuellen Ereignissen informiert. Dies kann z. B. eine Benachrichtigung per SMS oder E-Mail sein. (Quelle: Benjamin Ebrecht)***

Folgende Fragen müssen beantwortet werden: Was ist das Ziel der Pressearbeit und welche Zielgruppen sollen angesprochen werden? Wo sind diese Zielgruppen zu finden und welche Medien nutzen sie?

Weiterhin ist zu prüfen, welche Ansprechpartner es aufseiten der Presse gibt und unter welchen Kontaktdaten diese erreichbar sind. Um eine Berichterstattung zu ermöglichen, müssen die Medien über aktuelle Maßnahmen informiert werden. In einigen Regionen geschieht dies automatisch durch die Leitstelle, sodass die Pressevertreter über Twitter/X, E-Mail oder SMS informiert werden. Sollte dies nicht der Fall sein, müssen die Medienvertreter telefonisch kontaktiert werden.

Bild 16: ***Die Benachrichtigung kann automatisiert oder manuell erfolgen. Ein Leitstellendisponent entscheidet je nach Lage, ob ein Einsatz presserelevant ist oder nicht. (Quelle: Benjamin Ebrecht)***

PRESSE-Regel

In der anspruchsvollen Rolle eines Pressesprechers sind klare Prinzipien der Medien- und Öffentlichkeitsarbeit unerlässlich, um erfolgreich zu kommunizieren und zu agieren. Diese Prinzipien werden durch die PRESSE-Regel (nach Jannik Stiller) verkörpert, die einen strukturierten Leitfaden für eine effektive Tätigkeit bietet. Von der gründlichen Planung jeder Aufgabe bis zur Reaktionsfähigkeit auf Medienanfragen und aktuelle Geschehnisse, von der empathischen Berücksichtigung der Anliegen von Medienvertretern und der Öffentlichkeit bis hin zur Entwicklung einer klaren Kommunikationsstrategie – das ist das solide Fundament, auf dem die Eigenschaften eines Pressesprechers aufgebaut ist. Die Fähigkeit, in stressigen Momenten souverän zu agieren, das Einfühlungsvermögen, die Perspektiven der Medien und der Öffentlichkeit zu verstehen, vervollständigen dieses umfassende Bild eines kompetenten Pressesprechers.

P – Planung: Eine klare Planung für jede Aufgabe gewährleistet effiziente Arbeit.
R – Reaktionsfähigkeit: Schnelle Antworten auf Medienanfragen und aktuelle Ereignisse sind entscheidend.
E – Empathie: Bedürfnisse und Anliegen von Medienvertretern und der Öffentlichkeit einfühlsam behandeln.
S – Strategie: Eine deutliche Kommunikationsstrategie vermittelt Botschaften wirksam.
S – Souveränität: Gelassenheit in Stresssituationen und bei kritischen Fragen bewahren.
E – Erreichbarkeit: Verfügbarkeit für Medienanfragen und transparente Kommunikation aufrechterhalten.

Merke:

Diese Gedankenstütze kann dabei helfen, wichtige Aspekte bei der Arbeit an einer Einsatzstelle im Blick zu behalten und effektiv zu handeln.

3.3.2 Umgang mit Journalisten

Das wichtigste Wort im Umgang mit Journalisten ist: Vertrauen. Vertrauen muss auf beiden Seiten vorhanden sein, denn Journalisten sind der beste Weg in die Öffentlichkeit. Misstrauen gegenüber der Presse schürt Misstrauen gegenüber der Feuerwehr. Es reicht nicht aus, wenn die Feuerwehr ausschließlich über längst abgeschlossene Einsätze informiert, denn um ihren Beruf ausüben zu können, müssen sich Journalisten ein eigenes Bild vom Einsatz und dem Geschehen machen, ohne Vorgaben oder Einflüsse von anderen Personen.

Daher hinterfragt die Presse kritisch und berichtet objektiv. Im folgenden Beispiel geht es um einen Großbrand in einer Industrieanlage in der Stadt Delmenhorst. Am 24. September 2020 brannten auf einem Industriegelände knapp zwei Dutzend Fahrzeuge in einer Halle, in der sich eine Kfz-Werkstatt und verschiedene Lagerbereiche mit knapp 22 000 Litern illegal gelagerter Chemikalien befanden. Das Feuer war so intensiv und die Löschwasserversorgung so schlecht, dass Tanklöschfahrzeuge aus 25 Kilometer entfernten Städten angefordert werden mussten, um den Brand unter Kontrolle zu bringen. Giftige Stoffe, die in die Kanalisation gelangten, führten zu einem Fischsterben in einem nah gelegenen Fluss, doch die Bürger wurden von der Stadt nicht gewarnt. Erst auf Nachfrage der Presse warnte die Stadt die Familien, ihre Kinder nicht im Garten spielen zu lassen. Die Presse erhielt diese Informationen von Anwohnern und fragte kritisch bei den zuständigen Stellen nach. Die Stadt geriet unter Druck und musste handeln. Die Anwohner wollten Klarheit über mögliche Umweltgifte, die der Brand hinterlassen hat.

Merke:

Keine Angst vor Journalisten. Wir brauchen sie und sie brauchen uns!

Bild 17: ***Der folgenschwere Brand in Delmenhorst vom 24.09.2020. (Quelle: NonstopNews)***

In vielen Redaktionen sind es immer wieder die gleichen Journalisten, die mit »Feuerwehrthemen« betraut werden. Diese wünschen sich auch auf der anderen Seite einen festen Ansprechpartner. Wenn der erste Kontakt bei Presseanfragen ein ständig wechselnder Leitstellendisponent ist, verliert die Feuerwehr für Journalisten schnell an Attraktivität. Bei großen Berufsfeuerwehren gibt es daher häufig bereits feste Pressesprecher, die diese Anfragen zentral bündeln und bearbeiten. Aber auch bei kleineren Feuerwehren sollten feste Ansprechpartner und entsprechende Vertreter mit einer festgelegten Erreichbarkeit definiert werden. Um diese festen Ansprechpartner bei der lokalen Presse bekannt zu machen, empfiehlt es sich, aktiv auf die verschiedenen Medien zuzugehen und den Kontakt zum gegenseitigen Kennenlernen zu suchen. Bei einer Tasse Kaffee kann man über die eigenen Ziele berichten, sich mit der genauen Arbeitsweise und den handelnden Personen vertraut machen, aber auch die Wünsche der Journalisten aufnehmen. So wird eine erste Basis für eine zukünftige gute Zusammenarbeit geschaffen.

Bild 18: ***Freundlichkeit ist für ein gutes Zusammenspiel das A und O. (Quelle: Dominic Iven)***

Für eine erfolgreiche Pressearbeit muss die zentrale Presseansprechperson die Bedürfnisse der Medienlandschaft kennen und sich in die Rolle der Journalisten hineinversetzen können. Bei dieser Arbeit geht es in erster Linie darum, die Interessen und Botschaften der Feuerwehren zu vertreten, aber nicht zu einseitig und fachspezifisch. Indem man den Journalisten interessante Hintergrundinformationen liefert und komplexe Zusammenhänge anschaulich darstellt, erleichtert man ihnen die Arbeit an einer interessanten und lebendigen Geschichte und wird so zu einem guten und vertrauensvollen Gesprächspartner.

Ein weiterer wichtiger Grundsatz im Umgang mit Pressevertretern lautet: Gleichbehandlung! Informationen sollten allen Medien, die daran Interesse haben könnten, gleichzeitig und gleichberechtigt zur Verfügung gestellt werden. Wer seinen »Lieblingsjournalisten« immer wieder mit Exklusivstorys versorgt oder nur einem Fotografen ein Übersichtsfoto von der Drehleiter gestattet, muss sich nicht wundern, wenn andere Medien auf Dauer nicht mehr auf Presseeinladungen reagieren oder nicht im gewünschten Umfang über die Aktivitäten der Feuerwehr berichten. Natürlich gibt es auch bei diesem Grundsatz Ausnahmen von der Regel, da die verschiedenen Presseorgane unterschiedlich wichtig für die eigene Pressearbeit sein können. Der Umgang mit exklusiven Informationen sollte jedoch mit sehr viel Fingerspitzengefühl erfolgen, um nicht unnötig das Vertrauen anderer Journalisten zu verspielen.

Das heißt: Je größer die Chance auf eine gute Berichterstattung und je geringer der dafür erforderliche Aufwand, desto attraktiver wird man als Partner in der Berichterstattung. Dafür muss man schnell und zuverlässig erreichbar sein, flexibel und schnell auf Anfragen und Wünsche reagieren und auch mal eine ungewöhnliche Geschichte, ein besonderes Bild oder einen ungewöhnlichen Drehort vorschlagen.

Praxisbeispiel – Können wir mal eben für einen O-Ton auf die Wache kommen?

Es ist eine typische Anfrage des lokalen Fernsehsenders am späten Vormittag. Aufgrund einer Unwetterwarnung für die Region möchte die Reporterin einen O-Ton für einen Bericht über die Vorbereitung der Feuerwehr auf die angekündigten Gewitter mit Sturm und Starkregen aufnehmen. Die Reporterin ist natürlich schon unterwegs und hat nur wenig Zeit.

Wenn man spontan ablehnt, werden die Anfragen sicher nicht mehr. Alternativ hat man die Chance, sich mit überschaubarem Aufwand als professioneller Medienpartner zu präsentieren. Natürlich akzeptiert die Reporterin auch den kurzen O-Ton in der Fahrzeughalle vor einem Löschfahrzeug, bei dem der Pressesprecher kurz und prägnant die Lage einschätzt und sich als gut vorbereitet präsentiert. Aber warum

nicht auch mal eigene Vorschläge für den Bericht einbringen? Vielleicht bietet sich eine ruhige Ecke in der Leitstelle an, um dort zu drehen und anhand des Unwetterradars zu zeigen, wie die Leitstellen die Gewitterzellen beobachten. Oder man zeigt eine kurze Übung mit der Motorkettensäge oder die Funktionsweise einer Tauchpumpe und erklärt, dass bei vielen parallelen Einsätzen nach Prioritäten gearbeitet wird und es deshalb zu längeren Wartezeiten kommen kann. Diese Möglichkeiten machen den Bericht deutlich lebendiger und werden von Journalisten, denen das Hintergrundwissen fehlt, oft gern angenommen.

Wenn man durch gute Zusammenarbeit mit den verschiedenen Medienvertretern im Laufe der Zeit ein gewisses Vertrauensverhältnis aufgebaut hat, sollte man dieses unbedingt pflegen. Dies lässt sich oft gut und zwanglos am Rande eines Pressetermins bei einem kleinen Smalltalk bei einer Tasse Kaffee erledigen. Besteht ein gutes Verhältnis zu Journalisten, kann man dies nutzen, um Feedback zur eigenen Pressearbeit zu erhalten, diese weiter zu verbessern und sich so noch attraktiver für Medienvertreter zu positionieren.

Apropos Kaffee: Auch bei längeren Einsätzen fördert ein angebotener Kaffee die Zusammenarbeit zwischen Presse und Feuerwehr.

3.3.3 Pressesprecher vor Ort

Während eines Einsatzes ist der Pressesprecher durchgängig Ansprechpartner für die Medienvertreter und sorgt dafür, dass ein einheitlicher Treffpunkt kommuniziert und zur Anlaufstelle wird. In den meisten Fällen wird dies ein MTF oder ELW sein, da die Einsatzkraft hier alle wichtigen Zahlen und Fakten direkt von der Einsatzleitung erhält. Andernfalls besteht die Gefahr, dass sich unbefugte Personen im Gefahrenbereich aufhalten und sich und andere gefährden. Vor Ort kann je nach Anzahl der Personen entschieden werden, ob die Interviews zur Informationsbereitstellung einzeln oder gebündelt durchgeführt werden. Es kann vorkommen, dass Pressevertreter zeitversetzt am Einsatzort eintreffen. In diesem Fall müssen ggf. die Nachzügler erneut informiert werden. Bei Großschadenslagen oder herausragenden Einsätzen mit großem Medieninteresse empfiehlt sich die Einberufung einer Pressekonferenz. Der Pressesprecher hat darauf zu achten, dass alle Informationen neutral wiedergegeben werden und aus gesicherten Quellen stammen. Die eigene Meinung darf bei der Informationsweitergabe keine Rolle spielen.

Bild 19: ***Vor Ort holen sich die Medienvertreter alle wichtigen Informationen. Beispielsweise wie hier in einem O-Ton. (Quelle: Christian Bahrs)***

Um dies zu gewährleisten, sollten regelmäßige Lagebesprechungen durchgeführt werden, an denen der Pressesprecher teilnimmt und so Fakten aus erster Hand erhält. Im Absperrbereich (außerhalb der Gefahrenzone) können Kamerareporter oder Fotografen Aufnahmen machen. Je nach Situation und Einsatz können die Reporter auch durch den Einsatzort geführt werden. Dies hat den Vorteil, dass sie nicht auf eigene Faust versuchen Aufnahmen zu machen und sich dadurch in Gefahr begeben. Es gibt Feuerwehren, die Medienvertreter am Fotografieren hindern. Das ist nicht nur unkollegial, sondern, wie in den vorherigen Kapiteln beschrieben, auch rechtlich nicht korrekt.

Wie beschrieben, muss der Pressesprecher den lokalen Medien bekannt sein und die Spielregeln zwischen Presse und Feuerwehr müssen festgelegt sein. Für den Fall, dass es vor Ort keinen Pressesprecher gibt, sollte ein Ansprechpartner für die Medien benannt werden.

In vielen Bundesländern ist eine grüne Funktionsweste das Erkennungszeichen für die Presse- und Öffentlichkeitsarbeit, sodass Medienvertreter nicht lange nach der

Bild 20: ***Regelmäßige Lagebesprechungen sind auch für den Sprechenden nützlich. Details und Vorgehensweisen können so nachvollzogen werden, damit das Vorgehen der Einsatzkräfte besser erklärt werden kann. (Quelle: Benjamin Ebrecht)***

zuständigen Person suchen müssen. Bedürfnisse wie O-Töne oder Bildwünsche sollten frühzeitig abgefragt und geplant werden. Dadurch wird Vertrauen auf beiden Seiten aufgebaut und gestärkt. Die zur Presse sprechende Person weiß, dass keine ungewollten Bilder gemacht werden. Auch die Medien können sich auf garantiertes und unter Umständen exklusives Material verlassen.

Nicht zuletzt ist Freundlichkeit ein nicht zu unterschätzender Faktor. Ein respektvolles Miteinander ist der Schlüssel zum Erfolg und bringt der Feuerwehr eine gute Außenwirkung.

3.3.4 Pressemitteilung

Die Pressemitteilung ist sicherlich das Instrument, das von vielen als das Kernelement der Pressearbeit angesehen wird. Und in der Tat ist die Pressemitteilung das wichtigste Mittel, wenn es darum geht, die Zielgruppe »Presse« effektiv anzusprechen. Für Journalisten sind Pressemitteilungen die Grundlage für ihre Artikel und Berichte. Umso wichtiger ist es, diese Zielgruppe, die im Namen Pressemitteilung unmissverständlich zum Ausdruck kommt, beim Verfassen stets im Auge zu behalten. Sie wird nicht in erster Linie für die Kollegen der Feuerwehr im Rahmen der internen Kommunikation geschrieben, sondern als schnelle und zuverlässige Informationsquelle für Pressevertreter. Es gibt einige Grundsätze, die beim Verfassen einer Pressemitteilung beachtet werden sollten, um diese gut und vor allem zielgruppengerecht zu gestalten.

Um dies zu verdeutlichen, zunächst ein Beispiel für eine weniger gelungene Pressemitteilung:

Beispiel: Bezirksbrandmeister übergibt neues LF an den LZ 23

Am Wochenende hat der Bezirksbrandmeister Brandoberinspektor K. Lichterloh dem Löschzug 23 (Altstadt) ein neues LF 10, welches ein altes, bereits seit fünf Jahren abgeschriebenes und häufig defektes LF ablöst, im Rahmen einer offiziellen Feierstunde vor über 30 Kameraden am Gerätehaus übergeben. An der Feier nahmen auch viele Vertreter anderer Hilfsorganisationen und Lokalpolitiker teil, die die Arbeit der Feuerwehr in höchsten Tönen lobten und die die Feier zum Anlass nahmen, auch noch mehrere Mitglieder des Löschzuges, darunter unter anderem auch den seit über 40 Jahre aktiven Anton W., mit dem Feuerwehrehrenkreuz in Gold, welches vom Innenministerium verliehen wird, zu ehren. Das neue Fahrzeug kostete rund 480 000 € und verfügt über umfangreiche feuerwehrtechnische Beladung für einen Löschangriff nach FwDV 3 und ist zudem erstmals mit 4 PAs im Mannschaftsraum ausgestattet. Wir freuen uns, nun endlich zeitgemäß für den Schutz der Bürgerinnen und Bürger ausgestattet zu sein.

Dieses zugegebenermaßen etwas überspitzte Beispiel führt bei den Journalisten zunächst vor allem zu vielen Fragezeichen. Das hat zur Folge, dass die Meldung entweder unbeachtet im (digitalen) Papierkorb landet oder aber viel Arbeit bedeutet. Denn Feuerwehrthemen sind bei der Presse grundsätzlich sehr beliebt, da es sich entweder bei Einsätzen um aktuelle Nachrichten oder bei anderen Themen um die hoch angesehene Institution Feuerwehr handelt. Das bedeutet, dass alle offenen Fragen recherchiert werden müssen. Wenn die Journalisten nun im schlimmsten Fall keinen Ansprechpartner bei der Feuerwehr erreichen, das Thema aber trotzdem platzieren möchten, kann aus einer solchen Meldung schnell ein Zeitungsartikel wie der folgende werden:

Beispiel: Endlich Sicherheit – Freiwillige Feuerwehr erhält längst überfälliges Fahrzeug

Seit über fünf Jahren war die Sicherheit in Neustadt in Gefahr. Die Freiwillige Feuerwehr musste zu Bränden mit völlig veralteter, oft defekter Technik ausrücken. Jetzt hat die Lokalpolitik endlich reagiert und es wurde ein neues Löschfahrzeug beschafft, das am Wochenende durch den Bezirksbrandmeister Lichterloh in einer Feierstunde vor Offiziellen und Politik an die Blauröcke der Altstadt übergeben wurde. Dafür musste der Steuerzahler allerdings tief in die Tasche greifen, denn die neue Technik kostet 480 000 €. Bei der Feier am Samstag wurden außerdem besonders verdiente Floriansjünger ausgezeichnet.

Natürlich ist auch dieses Beispiel rein fiktiv, aber je nach Einstellung z. B. einer Zeitungsredaktion zur Politik oder Stadtverwaltung nicht völlig auszuschließen. Dass man sich als Feuerwehr sicherlich eine andere Berichterstattung wünschen würde, liegt auf der Hand. Darüber hinaus würde eine solche Berichterstattung sicherlich auch die eine oder andere kritische Nachfrage aus der Kommunalpolitik an die Feuerwehrführung nach sich ziehen. Um ein besseres Ergebnis in der Berichterstattung zu erzielen, sollte daher mehr Sorgfalt auf die Formulierung der Pressemitteilung gelegt werden. Diese könnte z. B. wie folgt aussehen:

Beispiel:

Neue Technik zum Schutz der Bürger von Neustadt – Der Löschzug Altstadt nimmt ein neues Löschfahrzeug in Empfang

Grund zum Feiern hatte der Löschzug Altstadt der Freiwilligen Feuerwehr am vergangenen Wochenende! Am Samstagnachmittag überreichte der Bezirksbrandmeister Klaus Lichterloh den Feuerwehrfrauen und -männern ein nagelneues Löschfahrzeug, das von nun an für noch mehr Sicherheit in Neustadt sorgen wird.

Es war ein feierlicher Moment, als Klaus Lichterloh den Fahrzeugschlüssel an den Löschzugführer Max Müller überreichte, denn die 30 Einsatzkräfte des Löschzuges Altstadt warteten schon seit mehreren Jahren auf neue Technik für ihre so wichtige, ehrenamtliche Tätigkeit. Zu der Feierstunde waren neben den Einsatzkräften des Löschzuges auch viele Lokalpolitiker und Vertreter anderer Hilfsorganisationen gekommen. Das neue Löschfahrzeug mit einem Wert von rund 480 000 € verfügt über modernste Ausstattung für die Brandbekämpfung und die Technische Hilfeleistung. Erstmals ermöglichen vier Atemschutzgeräte im Mannschaftsraum das noch schnellere Vorgehen der Einsatzkräfte bei Bränden. Bereits auf der Anfahrt können sich nun zwei Trupps, bestehend aus jeweils zwei Einsatzkräften, komplett ausrüsten. Trotzdem war Löschzugführer Müller auch etwas sentimental bei der Übergabe des neuen Fahrzeuges: »Immerhin habe ich mit unserem alten Fahrzeug meine ersten Einätze gefahren«, sagte Max Müller, der trotzdem froh über das neue Löschfahrzeug ist.

Am Rande der Übergabe wurden auch noch einige langgediente Mitglieder des Löschzuges geehrt. Allen voran Anton Winter, der für 40 Jahre aktiven Dienst in der Freiwilligen Feuerwehr geehrt wurde. Dafür erhielt er das vom Innenministerium verliehene Feuerwehrehrenzeichen in Gold.

Inhaltlich sind die Meldungen nahezu identisch, dennoch wird Variante zwei aufgrund der besseren Verständlichkeit vermutlich deutlich besser angenommen und von vielen Zeitungen fast vollständig übernommen. Damit sind aus Sicht eines Pressesprechers zwei wesentliche Ziele erreicht:

1. Die Meldung wird beachtet.
2. Inhalte und deren Interpretation werden kontrolliert bzw. Fehlinterpretationen vermieden.

Im Folgenden werden die wesentlichen Faktoren für eine erfolgreiche Pressemitteilung behandelt.

Die richtigen Themen

Bei der Auswahl der Themen für eine Pressemitteilung sollte man sich immer fragen: Was interessiert die Medien, an die ich die Meldung versenden möchte, bzw. deren Leser, Hörer oder Zuschauer? Dabei spielt es zunächst keine Rolle, ob das Thema aus Sicht der Feuerwehr ein absolutes Randthema ist oder ob es sich um ein feuerwehrintern enorm wichtiges Thema handelt. Das eine, vermeintlich uninteressante Thema eignet sich vielleicht hervorragend für eine schöne Medienstory, während das gefühlt viel wichtigere Thema für die Öffentlichkeit nur von geringem Interesse ist.

Praxisbeispiel – Je ausgefallener, desto besser

Während die Pressemeldung über einen »normalen« Wohnungsbrand mit zwei Leichtverletzten im Lokalteil oft nur eine Randnotiz erhält, schafft es beispielsweise die Suche nach einer giftigen Spinne in einem Supermarkt auf die lokale Titelseite und in den überregionalen Teil. Und im Fernsehen wird die Brandmeldung gar nicht beachtet, während die Reaktion auf die Spinnenmeldung gleich vier Interviewanfragen nach sich zieht.

Grundsätzlich sind folgende Bereiche fast immer mit einem hohen Medieninteresse verbunden:

- Hohe Aktualität – dazu zählen natürlich Einsätze sowie aktuelle Themen, die in das Zeitgeschehen passen.

- Große Wahrnehmung in der Öffentlichkeit – Ereignisse, von denen viele Menschen betroffen sind; dazu zählen insbesondere Einsätze z. B. mit einer weit sichtbaren Rauchwolke, aber auch solche, die in einem hochfrequentierten Bereich stattfinden (der Pkw-Brand in der Innenstadt).
- Skurriles und Besonderes – Dinge, die selten oder in dieser Form vielleicht erstmals vorkommen, genauso wie Ereignisse eines besonderen Ausmaßes.
- Kinder und Tiere – grundsätzlich alle Einsätze und Geschichten mit Kindern und Tieren, insbesondere Geschichten mit Happy End.
- Innovationen – Verbesserungen, Neuerungen und Veränderungen und was daraus resultiert.
- Lokalbezug – Dinge, mit denen sich die Bevölkerung identifiziert bzw. die einen direkten Einfluss auf sie haben können.
- Besondere Orte und Personen – Ereignisse an außergewöhnlichen Orten oder unter Beteiligung von bekannten oder prominenten Persönlichkeiten.

Aus Sicht der Medien ist es wünschenswert, wenn bereits durch die Presseverantwortlichen der Feuerwehren eine gezielte Auswahl der Meldungen erfolgt. Dazu gehört sicherlich auch in der einen oder anderen Situation die Beratung der Feuerwehrführung sowie anderer Führungskräfte, um diese für interessante Themen zu sensibilisieren, bzw. die Veröffentlichung der einen oder anderen Meldung kritisch zu hinterfragen. Natürlich gilt auch hier: Je besser man mit seiner Themenwahl die Interessengebiete der Medien trifft, desto größer ist die Wahrscheinlichkeit, dass die Meldungen beachtet und aufgegriffen werden. Und damit steigt automatisch das Ansehen als kompetenter Partner in der Zusammenarbeit.

Die richtige Überschrift

Wer kennt sie nicht, die BILD-Zeitung, die durch ihre Überschriften, die sogenannten »Headlines«, berühmt geworden ist. Über den Inhalt der Berichte kann man bekanntlich streiten, aber die Kunst, mit Überschriften die Aufmerksamkeit des Lesers zu fesseln, funktioniert auf jeden Fall. Diese Kunst gilt es auch bei einer Pressemitteilung anzuwenden, natürlich ohne reißerisch zu werden oder in den Boulevardstil zu verfallen. Die richtige Überschrift ist kurz und prägnant und weckt das Interesse des Lesers. Kürze kann auch durch den Verzicht auf Artikel und Satzkonstruktionen erreicht werden. Ganz wichtig: Die Überschrift muss zum Text passen. Daher ist es empfehlenswert, die Überschrift am Ende zu schreiben, wenn der Inhalt der Meldung bereits steht.

Tabelle 1:

Falsch	Problem	Alternative
Feuerwehr bekommt ein neues, modernes Löschfahrzeug überreicht	Verwendung von Artikeln und Satzbau, dadurch zu lang	Feuerwehr freut sich über neues Löschfahrzeug
Brand 3 in der Altstadt	Nichtssagend	Feuerwehr löscht Wohnungsbrand in der Altstadt
Drei Personen mit Rauchgasintoxikation bei einem Brand im Dachgeschoß	Verwendung von Fachbegriff, Artikeln und Satzbau, dadurch zu lang und unverständlich.	Feuer im Dachgeschoss – Drei Personen erleiden Rauchvergiftung
Start des Grundausbildungslehrgangs – Feuerwehr auf der Suche nach neuen Mitgliedern	Verwendung von Artikeln und Satzbau, dadurch zu lang	Grundausbildung startet – Feuerwehr sucht Nachwuchs!

Aus dem Text können die wichtigsten und/oder interessantesten Aspekte der Meldung herausgegriffen und für die Überschrift verwendet werden. Was interessant ist, wird von den verschiedenen Pressemedien unterschiedlich bewertet, aber wenn es gelingt, mit der Überschrift bereits ein erstes Bild der folgenden Meldung zu erzeugen, ist sie gut gewählt.

Gerade bei Pressemitteilungen zu Einsätzen finden sich immer wieder Überschriften, die sehr stark an den Alarmierungstext auf einem Funkmeldeempfänger oder auf dem Alarmierungsschreiben erinnern. Alarmstichworte sind aber fast nie geeignete Überschriften, also bitte nicht verwenden!

Der richtige Aufbau

Für den Textteil einer Pressemitteilung gilt: Das Wichtigste zuerst! Das heißt, die ersten Zeilen sollten die wichtigsten Informationen der Meldung enthalten, um das durch die Überschrift geweckte Interesse des Lesers aufrechtzuerhalten. Hier bietet sich eine kurze Zusammenfassung der wichtigsten Fakten der nachfolgenden Meldung an.

Im zweiten Teil folgen zunächst die wichtigsten Informationen und erst danach Details sowie Hintergründe und Erläuterungen. Der Aufbau einer Pressemitteilung sollte sich also nicht an einer Chronologie orientieren, sondern daran, was für das

Thema besonders wichtig und interessant ist – auch bei Pressemitteilungen zu Einsätzen. Hier gilt grundsätzlich die gleiche Hierarchie wie bei den Einsatzgefahren:

1. Menschen
2. Tiere
3. Umwelt
4. Sachwerte

Die Aussage zu Personenschäden gehört daher zwingend in den ersten, zusammenfassenden Teil einer Meldung. Auch im Hauptteil sollten Einzelheiten beispielsweise über eine erfolgreiche Personenrettung einen Schwerpunkt bilden. Details z. B. darüber, welche Einheiten genau am Einsatz beteiligt waren, gehören an den Schluss einer Meldung. Eine Zusammenfassung am Ende einer Pressemitteilung ist im Gegensatz zu einem klassischen Artikel nicht sinnvoll.

Im Hauptteil der Pressemitteilung sollten folgende W-Fragen beantwortet werden:

- Was ist passiert, ist geplant, soll stattfinden?
- Wo ist etwas passiert, ist etwas geplant, soll etwas stattfinden?
- Wann ist es passiert, soll es stattfinden?
- Wie ist es abgelaufen, ist der Ablauf geplant?
- Wer hat etwas gemacht, nimmt an etwas teil, hat etwas geplant?
- Warum ist etwas passiert, ist etwas geplant, soll etwas stattfinden?
- Wie viele Personen waren betroffen, nehmen teil, sind geplant?
- Welche weiteren Details sind erforderlich (Preise, Voraussetzungen, Besonderheiten)?

Sind all diese Fragen im Textteil beantwortet, bietet die Pressemitteilung eine gute inhaltliche Grundlage für die Arbeit der Journalisten.

Die richtige Sprache

Neben einer klaren und übersichtlichen Gliederung kommt es bei einer Pressemitteilung auch auf die richtige Wortwahl und Grammatik an. Am besten hält man sich an das Motto: »Keep it simple!« Nach wie vor ist es ratsam, die Zielgruppe im Auge zu behalten. Die Texte sollen von Journalisten in aller Kürze gelesen und verstanden werden und die darin enthaltenen Informationen sollen in Texte oder Beiträge für die Öffentlichkeit umgesetzt werden. Komplizierte und verschachtelte Sätze behindern den Lesefluss und das Verständnis eines Textes ebenso wie die Verwendung von Fach- oder Fremdwörtern. Noch schlimmer sind Abkürzungen, die ohne Erklärung im Text auftauchen.

Die wichtigsten sprachlichen Punkte, die es beim Verfassen einer Pressemitteilung zu beachten gilt, sind:

1. Satzbau und Wortwahl
Statt komplizierter Schachtelsätze sollten in einer Pressemitteilung einfache, kurze Sätze und eine allgemein verständliche Wortwahl verwendet werden. Das bedeutet nicht, dass ein Text gänzlich ohne Schachtelsätze auskommen muss. Findet man jedoch bei der Endkontrolle eines Textes Sätze mit zwei oder mehr eingeschobenen Nebensätzen, so ist es besser, diese aufzulösen und mehrere eigenständige Sätze zu bilden. Dies erhöht die Lesbarkeit und verbessert das schnelle Verständnis der Aussagen.

2. Fachbegriffe und Abkürzungen
Immer wieder tauchen in Pressetexten feuerwehrspezifische Fachbegriffe auf, die manchmal dort hingehören, meistens aber nicht. Wenn ein Fachbegriff verwendet wird, sollte er gut und leicht verständlich erklärt werden. Ansonsten sollte auf typische Feuerwehrbegriffe möglichst verzichtet werden. Doch was ist ein »Fachbegriff«? Hier hilft die einfache Frage: Würde ich den Begriff, die Formulierung verstehen, wenn ich nichts mit der Feuerwehr zu tun hätte? Sobald diese Frage mit »Nein« beantwortet wird, sollte der Begriff erklärt oder ein anderer verwendet werden.

Noch komplizierter wird es, wenn ein Fachbegriff aus einem schier unendlich langen Wort besteht, was in der »Feuerwehrsprache« nicht unüblich ist. Das klassische Beispiel ist sicherlich das »Hilfeleistungslöschgruppenfahrzeug« (HLF).

Will man dieses umständliche Wort verwenden, so hilft es entweder, es nach einmaliger Schreibweise fortlaufend als HLF abzukürzen, oder man schreibt einfach Löschfahrzeug. Das ist zwar fachlich nicht zu 100 % korrekt, aber für die Zielgruppe einer Pressemitteilung verständlicher und damit die deutlich bessere Alternative. Außerdem kann der Begriff »Löschfahrzeug«, wenn es der Kontext erfordert, durch eine Erläuterung wie »Fahrzeug mit umfangreicher Beladung zur Brandbekämpfung und technischen Hilfeleistung« ergänzt und damit erklärt werden.

Ähnlich verhält es sich mit Abkürzungen, die in der Feuerwehrsprache oft so selbstverständlich verwendet werden, dass sie manchmal gar nicht mehr als Abkürzungen wahrgenommen werden. Als Beispiele seien hier »LZ« oder »PA« genannt. Für Abkürzungen gilt das gleiche wie für Fachbegriffe: Sie haben ohne Erklärung in einem Pressetext nichts zu suchen!

Bei vielen Feuerwehren werden die Wachen oder Löschzüge nur nach den Funkrufnamen der dort stationierten Fahrzeuge durchnummeriert. Auch hier sollte man sich fragen, ob diese Nummern für Journalisten und die Bevölkerung eine hohe Aussagekraft haben. Besser ist es, die Ortsteile zu verwenden, in denen sich die Wachen befinden, oder die Namen der Löschzüge zu verwenden. Konkret heißt das: Unter der Bezeichnung »Innenstadtwache« können sich Journalisten und Leser in der Regel viel mehr vorstellen als unter »Feuerwache 1«, Löschzug »Altstadt« ist besser als »LZ 23«.

Zusammenfassend bleibt festzuhalten: Bei der Wortwahl ist eine gute Verständlichkeit für die Zielgruppen Journalisten und Bevölkerung besser als eine 100-prozentig fachlich korrekte Formulierung.

Praxisbeispiel – Alternative Wörter für Feuerwehr-Fachbegriffe und Abkürzungen

Tabelle 2:

Fachbegriff/Abkürzung	Alternativen
C-Rohr	Strahlrohr
Hilfeleistungslöschgruppenfahrzeug	Löschfahrzeug
Löschgruppenfahrzeug	Löschfahrzeug
PA	Atemschutzgerät
Rauchgasintoxikation	Rauchvergiftung
Schadenfeuer	Brand, Feuer
BMA	Brandmeldeanlage

3. Wort- und Formulierungswiederholungen

»Der Feuerwehreinsatz dauerte zwei Stunden und über 30 Einsatzkräfte waren im Einsatz.«

- Dreimal das Wort »Einsatz« in einem Satz liest sich nicht besonders gut. Daher sollten für häufig verwendete Begriffe und Formulierungen Alternativen gefunden werden.

»Die Brandbekämpfung dauerte zwei Stunden und über 30 Einsatzkräfte waren vor Ort.«

- Dies wäre eine alternative Formulierung.

Praxisbeispiel – Alternative Formulierungen für Feuerwehrbegriffe

Tabelle 3:

Wort/Begriff	Alternativen
Einsatz Bsp.: Der Einsatz dauerte drei Stunden.	Brandbekämpfung, Technische Hilfeleistung, Maßnahmen, Arbeiten Die Arbeiten dauerten drei Stunden.
Einsatzkräfte Bsp.: Es waren 40 Einsatzkräfte vor Ort.	Feuerwehrfrauen und -männer, Taktische Einheiten benennen wie zwei Löschzüge, Trupps Es waren drei Löschzüge vor Ort, insgesamt 40 Feuerwehrfrauen und -männer.

4. Persönliche Zitate

Die Presse verwendet gern Zitate, um einen Bericht näher und persönlicher zu gestalten. Daher ist es sinnvoll, Zitate einzubauen, um bestimmte Kernaussagen noch einmal deutlich hervorzuheben. Allerdings sollte man von Floskeln und abgedroschenen Formulierungen Abstand nehmen und lieber ein wirklich individuelles, kreatives oder sehr aussagekräftiges Zitat suchen. Damit ist die Wahrscheinlichkeit, dass es in die Berichterstattung aufgenommen wird, wesentlich höher.

5. Gender-Sprache

Dieses Thema hat in der Vergangenheit deutlich an Bedeutung gewonnen und insbesondere bei Texten, die auch auf eigenen Seiten im Internet veröffentlicht werden sollen, ist darauf zu achten, dass weibliche und männliche Bezeichnungen gleichberechtigt verwendet werden. Gerade im Hinblick auf die immer noch stark männlich geprägte Feuerwehrwelt sollte dies nicht durch die ausschließliche Verwendung der männlichen Form unterstrichen werden. Besser sind geschlechtsneutrale Formulierungen wie »Einsatzkräfte« statt »Feuerwehrfrauen und -männer« oder »Auszubildende« statt »Brandmeisteranwärterinnen und -anwärter«.

Ist eine geschlechtsneutrale Formulierung nicht möglich, sollte sowohl die weibliche als auch die männliche Form verwendet werden. Das immer häufiger verwendete Gender-Sternchen (z. B. Brandmeisteranwärter*innen) ist für den Text einer Pressemitteilung oft nicht das Mittel der Wahl, für Online-Texte aber durchaus eine gute Alternative.

6. Einheitliche Schreibweisen

Dies ist zwar nicht dafür entscheidend, ob eine Pressemitteilung beachtet wird oder nicht, aber im Rahmen einer professionellen Pressearbeit sollten einheitliche Regeln für die Schreibweise von Namen, Zahlen sowie Zeit- und Datumsangaben festgelegt werden.

Namen: Vor- und Nachname ausschreiben, ggf. Doktor (Dr.) oder Professor (Prof.) vor den Nachnamen setzen. Dienstgrade lesen sich sehr sperrig, sind in ihrer Bedeutung in der Öffentlichkeit unbekannt und nach der nächsten Beförderung ohnehin nicht mehr aktuell. Aufgaben- oder Funktionsbezeichnungen wie »Leiter der Feuerwehr« oder »Pressesprecher« sind daher deutlich besser geeignet.

Zahlen: Es ist üblich, Zahlen von eins bis zwölf in Worten auszuschreiben. Dies ist auch für das Schriftbild, insbesondere in Überschriften, deutlich schöner. Bei Zahlen ab 1 000 sollten zur besseren Lesbarkeit Punkte oder Leerzeichen zur Trennung von Dreiergruppen verwendet werden. Dies reduziert die Fehleranfälligkeit beim Lesen insbesondere hoher Zahlen.

Uhrzeit: Hier ist zwischen den beiden üblichen Schreibweisen mit Doppelpunkt oder Punkt zwischen Stunden und Minuten zu entscheiden. Unnötige Nullen können zugunsten eines optisch ansprechenderen Schriftbildes weggelassen werden (z. B. 12 statt 12:00 und 4:30 statt 04:30).

Datumsangaben: Die optisch ansprechendste und daher empfehlenswerte Schreibweise ist, den Monat auszuschreiben und Tag und Jahr als Ziffern davor bzw. dahinter zu setzen: also z. B. 14. Februar 2020.

Praxisbeispiel – Die richtige Sprache bei Pressemitteilungen

Deutlich wird das Thema »Sprache« schon am ersten Satz des Beispieltextes aus der Einleitung zu diesem Kapitel:
Am Wochenende hat der Bezirksbrandmeister Brandoberinspektor K. Lichterloh dem Löschzug 23 (Altstadt) ein neues LF 10, welches ein altes, bereits seit fünf Jahren abgeschriebenes und häufig defektes LF ablöst, im Rahmen einer offiziellen Feierstunde vor über 30 Kameraden am Gerätehaus übergeben.

Deutlich einfacher und besser verständlich wird der Text, wenn man ihn in mehrere, unabhängige Sätze aufteilt:
Am Wochenende hat der Bezirksbrandmeister Brandoberinspektor Klaus Lichterloh dem Löschzug Altstadt ein neues Löschfahrzeug übergeben. Das Fahrzeug löst

einen häufig defekten Vorgänger ab, der bereits seit fünf Jahren wirtschaftlich abgeschrieben ist. Die Übergabe erfolgte in einer offiziellen Feierstunde vor über 30 Kameradinnen und Kameraden am Gerätehaus des Löschzuges.

Ist die Pressemitteilung fertig formuliert und mit einer passenden Überschrift versehen, geht es an den Versand. Dabei sind weitere wichtige Punkte zu beachten. Dazu gehören eine abschließende Kontrolle, das optische Erscheinungsbild (Layout), die Wahl des richtigen Verteilers und der richtige Zeitpunkt für den Versand.

Kontrolle: Vor dem Versand sollte die Pressemitteilung immer noch einmal Korrektur gelesen werden. Am besten macht man dies nach dem Vier-Augen-Prinzip und bittet einen Kollegen um eine letzte Korrektur. Dabei sollte nicht nur auf Rechtschreibfehler geachtet werden, sondern auch darauf, dass die Sätze kompakt und verständlich sind und noch vorhandene Abkürzungen oder Fachbegriffe entfernt werden. Dabei kann es hilfreich sein, wenn die zweite Person nicht »vom Fach« ist bzw. den Sachverhalt nicht im Detail kennt.

Layout: Häufig ist ein einheitliches Layout für Pressemitteilungen von der Pressestelle der Kommune vorgegeben. In diesem Fall sollten diese Vorgaben natürlich eingehalten werden. Vielleicht ist es aber auch möglich, das Layout an die Feuerwehr anzupassen. Als Absender im Briefkopf sollte dann die Pressestelle der Feuerwehr mit allen erforderlichen Kontaktdaten angegeben werden. Wenn es keine Layoutvorgaben gibt, muss das Layout für einen guten Wiedererkennungseffekt festgelegt und konsequent verwendet werden. Wie bei der Pressemitteilung selbst gilt auch hier: »Keep it simple!« Aufwendige bunte Grafiken sind ebenso fehl am Platz wie ausgefallene Schriftarten. Wird die Pressemitteilung auf einem Schwarz-Weiß-Drucker ausgedruckt, muss sie lesbar bleiben und sollte nicht unnötig Tinte oder Toner verbrauchen. Auf farbige Hintergründe sollte daher verzichtet werden, Logos sollten entweder in Grautönen oder in dunklen Farben gewählt und eine Standardschriftart sollte in Schwarz verwendet werden. Die Schriftgröße für Text sollte zwischen 10 und 12 pt. und für Überschriften zwischen 16 und 18 pt. liegen. Zur besseren Übersicht und Lesbarkeit wird ein Zeilenabstand von 1,5 Zeilen empfohlen.

Als Versandform wird eine E-Mail mit angehängtem PDF-Dokument empfohlen, da andere Formate häufig von den Firewalls der Redaktionen blockiert werden. In der E-Mail selbst kann der Titel der Pressemitteilung als Betreffzeile verwendet werden.

Und nicht vergessen: Am Ende einer Pressemitteilung sollte immer ein Ansprechpartner mit Namen und Erreichbarkeit (Telefondurchwahl, E-Mail und ggf. Handynummer) für eventuelle Rückfragen von Journalisten stehen.

Verteiler und Versandtermin: Für die Wahl des richtigen Verteilers ist es wichtig, die unterschiedlichen Interessengebiete der Pressemedien zu kennen. Entsprechend wird der Presseverteiler für die jeweilige Mitteilung zusammengestellt. Dabei hilft es natürlich, wenn für häufig ähnliche Themen entsprechende Verteiler vorbereitet sind.

Das zweite wichtige Kriterium beim Versand ist der richtige Zeitpunkt. Bei aktuellen Themen, insbesondere natürlich bei Meldungen zu Einsätzen, gilt: Je aktueller und schneller, desto besser, zumal diese Meldungen in der Regel zuerst auf den Internetseiten der Medien online gehen. Bei weniger zeitkritischen Meldungen ist es wichtig, die jeweiligen Redaktionszeiten der Pressemedien zu kennen. Für die klassische Printausgabe einer Tageszeitung ist der Redaktionsschluss oft am frühen Abend. Für die Online-Berichterstattung haben viele Redaktionen inzwischen aber auch deutlich später noch Redakteure im Dienst. Radio- und Fernsehsender benötigen die Informationen so früh, dass sie sie vor den jeweiligen (Nachrichten-)Sendungen aufbereiten können. Gerade im Hörfunk werden die ersten aktuellen Nachrichten mit hohen Einschaltquoten in den frühen Morgenstunden gesendet, wenn viele Menschen auf dem Weg zur Arbeit sind. Meldungen von nächtlichen Einsätzen sollten daher spätestens um 5 Uhr in den entsprechenden Redaktionen vorliegen.

Auch bei Medien, die nicht täglich berichten, aber eine hohe Erreichbarkeit insbesondere der lokalen Bevölkerung haben, wie kostenlose Lokalzeitungen oder Stadtteilmagazine, sollten die jeweiligen Redaktionszeiten beachtet werden. Verpasst man beispielsweise den Redaktionsschluss einer zweiwöchentlich erscheinenden Lokalzeitung für die Ankündigung des Feuerwehrfestes, verpasst man gleichzeitig eine gute Erreichbarkeit der potenziellen Zielgruppe.

Checkliste für die Pressemitteilung

Überschrift:

- ✓ Überschrift kurz und aussagekräftig?
- ✓ Weckt die Überschrift Interesse beim Lesen?
- ✓ Passt die Überschrift zum Text?

Gliederung:

- ✓ Stehen die wichtigsten Aussagen am Anfang?
- ✓ Sind im Hauptteil alle W-Fragen beantwortet (Was, Wo, Wann, Wie, Wer, Warum, Wie viele, Welche)?

Sprache:

- ✓ Gibt es noch Fachwörter oder Abkürzungen im Text?
- ✓ Wenn ja, kann auf diese verzichtet werden oder sind Erläuterungen vorhanden?
- ✓ Sind die Sätze kurz und gut verständlich?
- ✓ Lassen sich aussagekräftige Zitate einbauen?

Versand:

- ✓ Pressemitteilung abschließend kontrolliert (Vier-Augen-Prinzip)?
- ✓ Ansprechpartner inkl. Erreichbarkeit benannt?
- ✓ Presseverteiler richtig gewählt?
- ✓ Redaktionszeiten beachtet?

3.3.5 Interview

Das Interview, oft auch O-Ton genannt, ist ein unverzichtbarer Bestandteil der meisten Pressetermine und bietet eine gute Gelegenheit, Botschaften und Meinungen ungefiltert auszusprechen und Sachverhalte mit eigenen Worten zu schildern. Ob nach einem Pressegespräch oder einer Pressekonferenz, fast immer besteht Bedarf an einem ergänzenden Interview. Vor allem Radio- und Fernsehsender benötigen ein Statement vor dem Mikrofon oder vor der Kamera, um ihre Beiträge zu strukturieren. In den meisten Fällen werden die Interviews aufgezeichnet, um später im Schnitt einzelne kurze Sequenzen in die Beiträge einbauen zu können. Meist handelt es sich dabei um besonders prägnante Aussagen oder Fachbeiträge, die so glaubwürdiger vermittelt werden können. Man sollte sich bewusst sein, dass die Reichweite solcher Interviews je nach Medium enorm sein kann. Ein professionelles und kompetentes Auftreten im Interview ist folglich von enormer Bedeutung, da dies schnell Rückschlüsse auf die Arbeit der gesamten Feuerwehr zulässt.

Ebenso ist es wichtig, zunächst zu klären wer berechtigt ist, im Rahmen eines Interviews mit den Medien zu sprechen. Dies muss nicht immer die ranghöchste Einsatzkraft sein, sondern vielmehr eine Person, die über das notwendige Fachwissen verfügt und ein sicheres Auftreten im Interview hat. Der ideale Interviewpartner kann also je nach erforderlicher Fachexpertise durchaus variieren. In den meisten Fällen, außer bei extrem fachspezifischen Formaten, steht jedoch ein sicheres und professionelles Auftreten im Interview im Vordergrund. Steht also kein Experte mit entsprechender Interviewerfahrung zur Verfügung, ist es immer besser, einen erfahrenen Pressesprecher mit den notwendigen Fachinformationen zu versorgen und ihn das Interview führen zu lassen.

Praxistipp: Erst üben, dann sprechen

Gerade vor einem Medieninterview haben viele Menschen großen Respekt oder sogar Angst. Beim Anblick eines Mikrofons verschlägt es vielen buchstäblich die Sprache, was in dieser Situation natürlich alles andere als förderlich ist. Die Folge sind nicht selten abgehackte, steife und umständliche Sätze, eine unnatürliche Sprechweise und eine nervöse Körperhaltung. Dies ist sehr oft auf mangelnde Routine und fehlendes Wissen über die richtige Durchführung von Interviews zurückzuführen. Hier kann ein gezieltes Medientraining Wunder wirken. Solche Trainings werden von vielen Journalisten angeboten und sollten neben einer kurzen theoretischen Einführung vor allem viel Praxis am Mikrofon und vor der Kamera beinhalten. So kann gezielt an der richtigen Formulierung, einer guten Aussprache, aber auch an Körperhaltung und Mimik gearbeitet werden und mit der Zeit verliert man die Angst vor Kamera und Mikrofon.

Auch wenn die Kosten für ein solches Medientraining oft nicht unerheblich sind, ist es gut investiertes Geld. Allerdings sollte frühzeitig ein Termin gefunden werden, an dem möglichst viele Pressesprecher teilnehmen können, damit sich die Kosten in Grenzen halten. Und vielleicht hat man ja sogar einen Journalisten in den Reihen der eigenen (Freiwilligen) Feuerwehr, der ein solches Training kostenlos anbieten kann.

Um die Qualität der Interviews kontinuierlich zu verbessern, ist es empfehlenswert, sich von Zeit zu Zeit von einem weiteren geschulten Pressesprecher bei den O-Tönen begleiten zu lassen. Dieser kann das Interview aus dem Hintergrund beobachten und anschließend entsprechendes Feedback geben, denn schließlich gilt auch hier: Niemand ist perfekt! Und natürlich hilft es auch, sich das Ergebnis eines Interviews in der entsprechenden Sendung anzuschauen bzw. anzuhören und selbstkritisch zu reflektieren.

Vorbereitung

Zunächst ist es wichtig, zu wissen, welches Thema im Mittelpunkt eines Interviews stehen soll. Aber auch in welchem Kontext das Interview geführt wird, wie lange es dauern, wo es stattfinden und wann und wo es gesendet werden soll, sind wichtige Informationen, die man im Vorfeld erfragen sollte. All diese Fragen werden von Journalisten gern beantwortet, denn auch sie hoffen auf einen gut vorbereiteten Interviewpartner, um ein möglichst gutes Gesprächsergebnis zu erzielen. Vor allem Fernseh- und Radioreporter verzichten jedoch gern darauf, die genauen Fragen im

Vorfeld zu verraten, damit man im Interview möglichst natürlich und nicht mit auswendig gelernten Sätzen antwortet.

Stehen die thematischen Inhalte fest, sollte man sich gut und gründlich vorbereiten. Dazu gehören alle relevanten Zahlen, Daten und Fakten, die man spontan, ohne auf einen Zettel schauen zu müssen, in ein Statement einbauen können sollte. Ist spezielles Fachwissen erforderlich, z. B. bei Fragen zu einem bestimmten Fahrzeug oder zu einem bestimmten Bereich des vorbeugenden Brandschutzes, sollten die zuständigen Mitarbeiter in jedem Fall in die Vorbereitung einbezogen werden.

Auch der Ort des Interviews sollte vorbereitet werden. Für Radio- und Zeitungsinterviews ist ein ruhiger, ungestörter Raum erforderlich, während das Fernsehen einen geeigneten Hintergrund benötigt. Kamerateams nehmen den O-Ton bei

Bild 21: ***Im Frage-Antwort-Dialog erläutert ein Pressesprecher der Feuerwehr Hamburg gegenüber den Medien die Maßnahmen der Feuerwehr beim G20-Gipfel 2017. (Quelle: Jan Ole Unger)***

Feuerwehrthemen gern vor einem Fahrzeug oder vor Umkleideräumen mit Einsatzkleidung auf. Solche Hintergründe können im Vorfeld ausgesucht und vorbereitet werden. Auch eine Information an alle anderen Kollegen auf der Wache ist sinnvoll, um unnötige Störungen während des Interviews zu vermeiden.

Und natürlich freuen sich Journalisten und Kamerateams über ein Glas Wasser oder eine Tasse Kaffee am Rande eines Interviews. Eine Kleinigkeit, die sich sehr positiv auf die Arbeitsatmosphäre auswirken kann.

Wie beim Radiointerview unterscheidet man auch beim Fernsehinterview zwischen Aufzeichnung und Livesendung. Der wesentliche Unterschied besteht darin, dass im Fernsehen nicht nur die gesprochenen Inhalte und die Sprache eine Rolle spielen, sondern der Zuschauer auch alle nonverbalen Botschaften durch Mimik und Gestik wahrnimmt. Deshalb sind neben einer guten Vorbereitung eine gewisse Ruhe und Routine vor der Kamera besonders wichtig. Die natürliche Nervosität, die viele Menschen beim Anblick einer Kamera verspüren, lässt sich oft nur durch gezielte Vorbereitung und praktische Erfahrung in den Griff bekommen.

Grundsätzlich gelten für ein Fernsehinterview folgende Hinweise:

- Die Kleidung sollte dem Anlass entsprechen, d. h. am Einsatzort wirkt eine Einsatzjacke wesentlich authentischer als ein weißes Hemd mit Krawatte. Letzteres ist bei offiziellen Anlässen die erste Wahl. Bei eher praktischen Anlässen ist auch ein blaues Polo- oder T-Shirt durchaus angemessen, dieses sollte sauber und gepflegt sein und ggf. der aktuellen »Corporate Identity« mit offiziellen Logos oder Wappen entsprechen. Handys oder Funkgeräte in jedem Fall ausschalten, da diese nicht nur zu ungewollten Störungen führen, sondern auch die Tonqualität bzw. die Übertragungstechnik beeinflussen können.
- Beim Sprechen nicht direkt in die Kamera blicken, sondern den Interviewpartner anschauen. Bei einem Interview wird ein natürliches Gespräch simuliert, d. h. es wird nicht zum Zuschauer gesprochen. Einzige Ausnahme ist, wenn man als Interviewpartner live auf einen Bildschirm in eine Sendung geschaltet wird und sich so im Gespräch mit dem Moderator befindet. Dies ist in der Regel nur bei großen Nachrichtenformaten der Fall.

Die häufigste Form in der Pressearbeit der Feuerwehren ist sicherlich der aufgezeichnete O-Ton für ein Nachrichtenformat, der oft noch während eines Einsatzes oder unmittelbar danach aufgenommen wird. Aber auch O-Töne für tagesaktuelle

Beiträge über Brandschutz oder Feuerwehrthemen werden oft spontan von verschiedenen, meist regionalen Nachrichtensendungen angefragt.

3.3.6 Pressekonferenz

Zunächst sollte man sich bewusst machen, dass nicht jedes Thema eine Pressekonferenz erfordert. Der Wohnungsbrand in einer Neubausiedlung oder der Verkehrsunfall mit einer eingeklemmten Person erfordern keine große Aufmerksamkeit der Presse. Anders sieht es aus, wenn bei dem Wohnungsbrand ein Tötungsdelikt vermutet wird. Oder wenn der Verkehrsunfall einen terroristischen Hintergrund hat und infolgedessen mehrere Personen schwer verletzt oder getötet wurden. Auch schwere Explosionen oder eingestürzte Häuser können Anlass für eine Pressekonferenz sein. Spätestens dann sind die Medien vor Ort und wollen Antworten auf ihre Fragen. Oberstes Gebot der Pressekonferenz ist Effizienz. Sie soll nicht in eine stundenlange Großveranstaltung ausarten, sondern in möglichst kurzer Zeit möglichst viele Informationen liefern. Journalisten nehmen es übel, wenn ihnen ihre kostbare Zeit für ein Thema genommen wird, das nicht der Rede wert ist. Die Ziele der Veranstaltung sollten daher definiert und kommuniziert werden.

Pressekonferenzen können planbar oder im Rahmen einer Einsatzlage stattfinden. Planbare Pressekonferenzen finden meist zu strategischen Themen statt, wie Prävention oder die Präsentation einer Jahresbilanz. Der Vorteil liegt darin, dass die Rahmenbedingungen umfassender vorbereitet werden können und sollten.

Vorbereitende Maßnahmen

- Zuständigkeiten: Im Vorfeld einer Pressekonferenz müssen die Zuständigkeiten geklärt werden. Wer ist überhaupt befugt, Informationen an Medienvertreter weiterzugeben? Dies ist meist in den gesetzlichen Grundlagen geregelt. Bei größeren Einsatzlagen können mehrere Gefahrenabwehrorganisationen beteiligt sein. Grundsätzlich sollte die Organisation, die mit der Gesamteinsatzleitung betraut ist, die Pressekonferenz organisieren. Bei sehr großen Einsatzlagen, wie der Hochwasserkatastrophe in Nordrhein-Westfalen und Rheinland-Pfalz im Jahr 2021, kann die Zuständigkeit auch auf Kreis- oder Landesebene liegen.
- Einladung: Pressestellen größerer Feuerwehren verfügen in der Regel über mehrere externe Kommunikationskanäle. Häufig handelt es sich um im Vorfeld eingerichtete E-Mail-Verteiler, in die sich die relevanten Redak-

tionen und Medienvertreter eintragen. Die veröffentlichten Rahmenbedingungen der Konferenz sollten verlässlich sein. Wird in der Einladung keine begrenzte Teilnehmerzahl genannt, ist je nach Inhalt der Pressekonferenz mit einem großen Interesse zu rechnen. Alle Teilnehmenden haben dann das Recht auf ausreichend Platz. Bei planbaren Pressekonferenzen sollte um Anmeldung gebeten werden.

Merke:

Mit Hilfe der Zu- und Absagen kann die Vorbereitung der Pressekonferenz optimal gestaltet werden.

- Vorbereitung: Bei Einsatzlagen ist im Vorfeld eine Abstimmung des »Wordings« mit der Einsatzleitung sicherzustellen. Insbesondere mit der Polizei muss eine Abstimmung erfolgen, da aus ermittlungstaktischen Gründen bestimmte Sachverhalte nicht an die Öffentlichkeit gelangen dürfen. Generell ist darauf zu achten, dass die Protagonisten Souveränität ausstrahlen. Dazu ist es wichtig, im Vorfeld einen FAQ-Katalog zu erstellen, indem man sich in die Rolle eines kritischen Medienvertreters versetzt und sich vorstellt, was dieser wohl fragen würde. Genau diese Fragen sollten vorbereitet werden. Die Expertise z. B. von Fachberatern sollte eingeholt werden. Oft müssen auch Fachbegriffe für die breite Öffentlichkeit aufbereitet werden, damit diese sie versteht. Unabhängig davon, ob es sich um eine geplante Pressekonferenz handelt oder um eine Pressekonferenz vor Ort im Einsatzfall: Ein Briefing der Personen, die vor die Presse treten, ist unerlässlich.

Durchführung

- Örtlichkeit: Bei Einsatzsituationen vor Ort empfiehlt es sich, die Protagonisten vor ein Einsatzfahrzeug zu stellen. Dies signalisiert dem Zuschauer eine gewisse Sicherheit. Die Einsatzkräfte sollten nach Möglichkeit die entsprechende Schutzkleidung inklusive Helm tragen – auch wenn dies von den Einsatzkräften selbst belächelt wird. Der Helm hat Signalwirkung und suggeriert, dass hier Menschen vor Ort sind, die ausgebildet und erfahren sind, Gefahren abzuwehren. Bei planbaren Pressekonferenzen in Räumen ist darauf zu achten, dass hinter dem Podium ein lockerer heller Hintergrund vorhanden ist. Die Protagonisten müssen nach hinten Platz haben, da sie sonst bei kritischen Fragen vom Podium aus den Eindruck haben könnten, an die Wand gestellt zu werden.

- Setting: Es sollte eine Teilnehmerliste erstellt und der Ablauf dokumentiert werden. Im Nachhinein kann es wichtig sein, genau nachzuvollziehen, welcher Medienvertreter welche Frage gestellt hat und wie geantwortet wurde. Die technischen Möglichkeiten erlauben es mittlerweile, Pressekonferenzen über Online-Dienste zu übertragen. Bei größeren Feuerwehren bietet es sich an, diese Möglichkeit auch für die eigenen Mitglieder zu nutzen, da so sichergestellt ist, dass die eigenen Kräfte die Neuigkeiten nicht aus der Presse erfahren, sondern Teil der Pressekonferenz sind. Der Zeitrahmen für die Pressekonferenz sollte im Vorfeld festgelegt werden.
- Moderation: Dem Moderator kommt bei Pressekonferenzen eine entscheidende Rolle zu. Eine sympathische Einführung in den Ablauf, die Vorstellung des Podiums und die Lenkung der Fragen der Medienvertreter können entscheidend für den Verlauf sein. Im Vorfeld sollte genau

Bild 22: ***Eine gemeinsame Pressekonferenz für die Medien kann vor Ort sinnvoll sein. (Quelle: Feuerwehr Berlin)***

abgesprochen werden, wer welche Informationen gibt. Hier bietet sich auch die Möglichkeit, Eskalationsstufen für Pressekonferenzen im Krisenfall festzulegen. Auch Inhalte, die auf keinen Fall kommuniziert werden sollen, müssen im Vorfeld festgelegt werden. Hier muss der Moderator gegebenenfalls steuernd eingreifen. Auch das Zeitmanagement der Konferenz ist zu beachten.

In Berlin zerplatzte am 16.12.2022 ein großes Aquarium (Aquadom) in einem Hotel. 1 000 Tonnen Wasser liefen aus, 1 500 Fische starben; glücklicherweise wurden keine Menschen verletzt. Die Wucht war so stark, dass Teile der Fassade auf die Straße flogen. Das Interesse der Medien war hoch. Infolgedessen wurde die Pressekonferenz direkt vor Ort abgehalten.

3.3.7 Erstellen und Verwenden von Bildern und Videos

»Ein Bild sagt mehr als tausend Worte.« – Die visuelle Wahrnehmung ist für uns Menschen wichtiger als die Wahrnehmung mit unseren anderen Sinnen. Bilder sind daher wichtige Kommunikationsmittel – mit ihnen können Botschaften vermittelt werden. Jedes Bild erzählt eine Geschichte. Ein Bild ist dann gut, wenn der Betrachter dessen Botschaft sofort richtig entschlüsselt und emotional angesprochen wird. Ob dies gelingt, hängt weniger vom Motiv als vielmehr von der Art und Weise ab, wie dieses Motiv fotografiert wurde.

Um gute Fotos und Videos zu machen, ist heutzutage keine hochwertige Fototechnik mehr nötig. Moderne Smartphones oder Digitalkameras bieten für die meisten Zwecke eine ausreichende Bildqualität. Viel wichtiger ist das Verständnis für die Bildgestaltung, um die gewünschte Aussage zu erreichen.

Fotos und Videos sollen die Dramatik und Dynamik des Einsatzgeschehens wiedergeben. Dabei soll vor allem die Tätigkeit der Feuerwehr dokumentiert werden, sodass der Einsatz durch die Bilder als professionell und erfolgreich wahrgenommen wird. Diese Ziele müssen sich in der Motivauswahl widerspiegeln. Denn so groß das Entsetzen beim Betrachter sein mag, wenn er ein völlig zerstörtes Autowrack auf einem Abschleppwagen sieht oder die verkohlten Trümmer des ehemaligen Wohnhauses bestaunt, den Feuerwehreinsatz geben diese Bilder nicht wieder. Auch ein Foto von einer Armada hintereinander aufgereihter Feuerwehrfahrzeuge begeistert bestenfalls Fahrzeugexperten. Die Tätigkeit der Feuerwehrleute wird so nicht gezeigt.

Bild 23: ***Nicht nur der Pressesprecher, auch die Bilddokumentation sollte an der Einsatzstelle entsprechend gekennzeichnet werden. (Quelle: Svenja Baum)***

Bei jedem Einsatz steht der Mensch im Mittelpunkt. Deshalb sollten auf guten Einsatzfotos die Einsatzkräfte im Mittelpunkt stehen. Sie sollten möglichst bei feuerwehrtypischen Tätigkeiten gezeigt werden, wie beim Halten eines Strahlrohrs, beim Verlegen von Schlauchleitungen oder beim Bedienen technischer Geräte. Weniger gut sind Fotos, auf denen Gruppen von Einsatzkräften zu sehen sind, die gerade nichts zu tun haben und sich unterhalten. Auch Einsatzkräfte mit unvollständiger Schutzkleidung oder Maßnahmen, bei denen elementare Unfallverhütungsvorschriften missachtet werden, sollten nicht fotografiert werden. Problematisch ist ebenfalls die Dokumentation von »Pannen« wie Schlauchplatzern. All diese Bilder vermitteln dem Außenstehenden den Eindruck eines unprofessionellen Einsatzablaufs.

Die optimale Bildperspektive zeigt im Vordergrund die Feuerwehrkräfte bei ihrer Tätigkeit und im Hintergrund einen Ausschnitt der Einsatzlage (Flammen, aufsteigender Rauch, verunfalltes Fahrzeug o. ä.). Perfekt wird das Bild, wenn durch die Beschriftung eines Feuerwehrfahrzeuges oder die lesbare Aufschrift auf der Jacke

Bild 24: ***Der Mittelpunkt ist die Einsatzkraft. So können Emotionen wie Erschöpfung, Freude oder Begeisterung optimal wiedergegeben und der Mensch unter der Einsatzkleidung nähergebracht werden.***

erkennbar ist, dass es sich um Kräfte der eigenen Feuerwehr handelt. Opfer und Betroffene gehören nicht aufs Foto! Die Aussagekraft eines Fotos kann durch Kenntnisse der Bildkomposition, also Bildaufbau und Blickwinkel, aber auch durch Licht, Farbe und Kontrast beeinflusst werden.

Einsatzfotos bei Dunkelheit sind technisch anspruchsvoll. Die eingebauten Blitzgeräte der Kameras oder Smartphones reichen nicht aus, um eine größere Fläche auszuleuchten. Zudem erzeugen viele reflektierende Materialien beim Blitzen Lichtreflexe, die das gesamte Bild dominieren. Deshalb sollte die automatische Blitzfunktion bei Dunkelheit immer ausgeschaltet werden. Moderne Digitalkameras und Smartphones haben eine so hohe Belichtungszeit, dass man bei Dunkelheit auch ohne Blitz gute Aufnahmen von mit Scheinwerfern ausgeleuchteten Einsatzstellen machen kann. Bei längeren Belichtungszeiten sollte ein Stativ verwendet oder die Kamera auf einen festen Punkt, z. B. eine Gartenmauer, gestellt werden, damit das Bild nicht verwackelt.

Bild 25: ***Gekonnt gesetzte Unschärfe wertet ein Foto enorm auf und lässt es erst richtig professionell wirken. (Quelle: Benjamin Ebrecht)***

Für Videos gilt: nicht zu viel zoomen oder schwenken. Mit dem Smartphone oder der Kamera einzelne Szenen mindestens zehn Sekunden lang einfangen, dann die nächste Szene filmen. Dabei verschiedene Einstellungen mischen: Totalen, Nahaufnahmen und Details. Nicht gleichzeitig zoomen und schwenken – und dem Betrachter genügend Zeit lassen, das Gezeigte anzuschauen.

Diese Grundsätze lassen sich auch auf Fotos und Videos außerhalb des Einsatzgeschehens übertragen: Bei der Feuerwehr steht immer der Mensch im Mittelpunkt. Für die Öffentlichkeitsarbeit sind daher Bilder mit Menschen besonders wichtig. Diese machen ein Motiv lebendig und stellen für den Betrachter oft erst den persönlichen Bezug her. Fotos, die Menschen zeigen, machen »die Feuerwehr« menschlich.

Checkliste für gute Fotos und Videos

- ✓ Moderne Smartphones oder Digitalkameras sind ausreichend.
- ✓ Der Mensch (Einsatzkraft) steht im Mittelpunkt.
- ✓ Die Tätigkeit der Feuerwehr wird gezeigt.
- ✓ Der Kontext (Hintergrund) zeigt das Einsatzszenario.
- ✓ Bei Dunkelheit: Beleuchtung der Einsatzstelle ausnutzen.
- ✓ Für Videos: Einzelne Szenen in verschiedenen Einstellungsgrößen aufnehmen, nicht zu viel zoomen oder schwenken.

Jedes Foto und Video sollte bei der Veröffentlichung mit einem erläuternden Bildtext versehen werden. Erklärungsbedürftig ist in der Regel die gezeigte Tätigkeit (z. B. »... löschen letzte Glutnester«, »... zerlegen den umgestürzten Baum mit der Motorsäge«), da sie für Laien nicht unbedingt erkennbar ist.

3.3.8 Zusammenarbeit und Abstimmung mit anderen Organisationen und der Polizei

Der Wert einer professionellen Presse- und Öffentlichkeitsarbeit ist bei Unternehmen und anderen Behörden und Organisationen mit Sicherheitsaufgaben, wie der Polizei oder dem THW, mindestens genauso groß wie bei der Feuerwehr. Für Unternehmen kann eine schlechte Pressearbeit bis zur Insolvenz durch Imageschäden führen. Die Polizei benötigt die Pressearbeit zur Unterstützung ihrer Ermittlungen für Fahndungen oder Zeugenaufrufe. Außerdem können falsche oder sensible Informationen in Form von Täterwissen die kriminalpolizeilichen Ermittlungen erheblich behindern.

Aus diesen Gründen ist es wichtig, die Presse- und Öffentlichkeitsarbeit mit Beteiligten abzustimmen. Auch für die Feuerwehr ist es ärgerlich, wenn fachfremde Pressestellen unvollständige oder falsche Informationen zu Belangen der Feuerwehr herausgeben. Durch eine Zusammenarbeit kann zudem der Arbeitsaufwand verteilt und »mit einer Stimme« gesprochen werden. Das stärkt das Statement und schützt vor der Veröffentlichung falscher Informationen.

Zentrales Ziel der Abstimmung zwischen den Beteiligten muss sein, dass alle Informationen sachlich korrekt und widerspruchsfrei sind. Außerdem dürfen Statements nicht die Arbeit anderer behindern oder erschweren. Die beste Möglichkeit hierfür ist eine vertrauensvolle Basis, bei der die beteiligten Pressesprecher sich kennen und in regelmäßigem Austausch sind.

Dabei dürfen auch politische Beteiligte nicht vergessen werden. Als Teil der Stadt/ Gemeinde sollte bei politisch relevanten Themen die Pressestelle der Verwaltung mit ins Boot geholt werden. Wenn Politiker Teil eines Ereignisses sind oder beispielsweise den Schadensort besuchen, ist auch deren Pressesprecher schnellstmöglich einzubeziehen.

Bild 26: ***Eine Absprache zwischen Feuerwehr und Polizei minimiert das Risiko von falschen Informationen. (Quelle: Matthias Bockius)***

Praxistipp: Kontakte aufbauen und pflegen

Genauso wie mit Medienvertretern sollte außerhalb von Ereignissen Kontakt zu allen relevanten Pressestellen aufgebaut werden. Sich vorzustellen, Wünsche und Erwartungen auszutauschen, bringt allen einen Mehrwert. Der Austausch beruflicher sowie auch möglichst privater Kontaktdaten macht es im Ernstfall einfach, schnell entweder an die fachlich zuständige Pressestelle zu verweisen (und damit gegenüber der Presse kompetent auftreten zu können) oder sich in einer frühen Phase abzustimmen oder Absprachen zu treffen.

Wichtige Pressestellen sind beispielsweise die Polizei, Hilfsorganisationen, Stadt/Gemeinde, Landkreis sowie große Betriebe, besonders Störfallbetriebe. Diese Kontakte sollten aufrechterhalten werden, sodass sie nicht als engagierte Partner in der Pressearbeit in Vergessenheit geraten. Dies kann durch E-Mail-Kontakt, Anrufe oder gar einen Stammtisch sein.

Bei geplanten Presseterminen wie Übungen oder Fahrzeugeinweihungen ist zu überlegen, wer hieran beteiligt ist. Ist es beispielsweise ein vom Bundesland gefördertes Fahrzeug, ist es sinnvoll, vorher die Pressestelle des zuständigen Ministeriums (in der Regel Innenministerium des Landes) zu kontaktieren. Bei der Übung der Höhenretter an einem Freileitungsmast kann man die Pressestelle des Energieversorgers kontaktieren.

Durch den Kontakt können Statements fachlich abgestimmt und Rückfragen durch die richtigen Ansprechpartner korrekt beantwortet werden. Es ist außerdem ein Zeichen der Wertschätzung, das für alle Belange der Feuerwehr zukünftig nur von Vorteil sein kann. Im besten Fall gibt es von hauptamtlichen und/oder größer aufgestellten Pressestellen passende Pressemitteilungen, die durch die Feuerwehr in Teilen oder komplett übernommen werden können. Das spart Zeit und vermeidet fachliche Ungenauigkeiten, die im Nachgang für schlechte Stimmung sorgen können.

In Bezug auf Einsätze ist besonders die Pressestelle der Polizei so früh wie möglich zu kontaktieren. Dabei ist zu beachten, dass hauptberufliche Pressestellen nicht immer 24 Stunden täglich erreichbar sind. Hier zahlt sich vorherige Abstimmung aus. Ist es zu üblichen Bürozeiten der zuständige Pressesprecher der Polizei, muss nachts oder am Wochenende gegebenenfalls der Polizeiführer vom Dienst (PvD) angerufen werden. Eine Einsatzlage wird fast immer öffentlich wahrgenommen, sodass es zu Anfragen aus Redaktionen kommt. Ob diese Anfragen an die Polizei, die Feuerwehr oder die Leitstelle gehen, lässt sich nur schwer beeinflussen. Ziel der übergreifenden Pressearbeit ist es, diese Anfragen zu kanalisieren.

Im ersten Kontakt zu einem laufenden Einsatz ist zu klären, ob es eine Polizeilage mit Beteiligung der Feuerwehr oder umgekehrt ist. Es sollte grundsätzlich die Pressestelle das Sagen haben, der der Einsatz primär zuzuordnen ist. Frühzeitig muss abgestimmt werden, in welchem Rahmen Auskünfte erteilt werden. Das Interesse der Feuerwehr, ihren Einsatz positiv und umfangreich darzustellen, darf nicht dazu führen, dass der Einsatzerfolg oder die Ermittlungsarbeiten der Polizei gefährdet werden. Klassische Beispiele sind hier Geldautomatensprengungen oder die vermutliche Brandursache.

Generell empfiehlt sich für beide Seiten, keine Statements zu Belangen zu geben, die in die Kompetenz der jeweils anderen Seite fallen – außer sie sind explizit abgesprochen. In der Moderation der eigenen Social-Media-Kanäle ist genauso darauf zu achten, dass für alle Ermittlungsthemen deutlich an die Polizei verwiesen wird.

Je nachdem, wie die eigene Pressearbeit organisiert ist, kann im Erstkontakt schon abgestimmt werden, dass Pressevertreter telefonische Informationen nur von einer Stelle bekommen. Diese sollte im direkten Kontakt mit der Einsatzleitung oder selbst vor Ort sein. Damit werden widersprüchliche Informationen vermieden und das Medieninteresse ist objektiv einschätzbar. Vorsicht! Den telefonischen Kontakt zu Pressevertretern zu stellen, ist oft mit einem erheblichen zeitlichen Aufwand verbunden.

Bild 27: ***Bild von gemeinsamer mobiler Pressestelle Mainz***

An Einsatzstellen ist es wichtig, Kontakt zu allen Ansprechpartnern für Pressevertreter herzustellen. Wenn die polizeiliche Einsatzleitung informiert ist, dass ein Pressesprecher vor Ort ist, hilft das dieser genauso wie Unternehmen, die von einem Einsatz betroffen sind. Sofern Pressesprecher weiterer Beteiligter an der Einsatzstelle sind, empfiehlt es sich, eine gemeinsame Pressestelle zu betreiben, wo Informationen aller Bereiche zentral gesammelt, bewertet und kommuniziert werden. Die Aufgabenverteilung sollte nach fachlicher Kompetenz bzw. Zuständigkeit erfolgen. Bei Einsätzen auf einem Betriebsgelände hat der Betrieb das Hausrecht. Alle Veröffentlichungen und Zutritte durch Pressevertreter sind mit dem Betrieb abzustimmen. Ohne Rücksprache mit dem Betrieb hat sich die Information der Feuerwehr auf die öffentlich wahrnehmbaren Fakten sowie Auswirkungen außerhalb des Betriebsgeländes zu beschränken.

Praxisbeispiel – Gemeinsame Pressestelle Bombenentschärfung

Bei der Entschärfung einer Weltkriegsbombe mit notwendiger Evakuierung ist eine gemeinsame Pressestelle am Rande der Absperrung sinnvoll. Pressevertreter haben einen zentralen Anlaufpunkt, wo sie in Echtzeit informiert werden, O-Töne bekommen und wenn möglich auch in den Absperrradius geführt werden können. Außerdem können Pressesprecher von Stadt, Polizei, Ordnungsamt, Feuerwehr und Katastrophenschutz gemeinsam sprechen und die Informationen aus ihren Fachbereichen zusammentragen und Widersprüche sowie Informationsdefizite vermeiden. Kritischen Pressevertretern wird es so erschwert, Pressestellen gegeneinander auszuspielen oder zu unüberlegten Statements zu bringen.

Durch die gebündelten Kompetenzen sind alle Pressesprecher jederzeit kompetent nach außen und innen sprachfähig. Zusätzlich bleibt dank der Aufgabenverteilung Zeit, die eigenen internen und externen Kommunikationskanäle zu versorgen.

Pressemitteilungen sollten aus den oben genannten Gründen immer auch an die Polizei sowie andere an Ereignissen beteiligte Stellen gehen, damit diese im Bilde sind, welche Informationen und Themen veröffentlicht werden.

3.3.9 Moderne Medien

Die rasanten Fortschritte in der Technologie haben nicht nur unsere Lebensweise verändert, sondern auch die Art und Weise, wie Interviews geführt werden. Ein Blick zurück in die Anfänge der Presse- und Öffentlichkeitsarbeit zeigt, wie weit wir seitdem gekommen sind. Früher waren Reporter mit schwerem Equipment und sperrigen Kameras unterwegs, um Interviews aufzuzeichnen und Nachrichten zu verbreiten. Doch die Zeiten haben sich drastisch gewandelt und die heutige Technologie hat die Landschaft der Medien revolutioniert.

Die Miniaturisierung der Technologie
In der heutigen Ära passt die Technologie buchstäblich in unsere Handflächen. Reporter nutzen jetzt teilweise Smartphones, um Interviews zu führen und Ereignisse festzuhalten. Was einst eine Aufgabe für ein ganzes Kamerateam war, kann nun von einer einzigen Person mit einem Smartphone erledigt werden. Die Miniaturisierung von Kameras und Aufnahmegeräten hat den Zugang zur Medienproduktion erleichtert und es Einzelpersonen ermöglicht, schnell und effizient hochwertige Inhalte zu erstellen.

Bild 28: ***Bei diesem Interview der Feuerwehr Wildeshausen nutzte der Reporter ein Smartphone.***

Smartphone-Interviews und Fernsehstandard
Die Qualität der mit Smartphones aufgenommenen Inhalte hat eine bemerkenswerte Schwelle erreicht. Die Kamera- und Bildverarbeitungstechnologien in modernen Smartphones ermöglichen es, gestochen scharfe Bilder und klare Videos aufzunehmen. In der Tat ist der Unterschied zwischen Smartphone- und traditioneller Kameratechnologie so gering geworden, dass Zuschauer oft keinen Unterschied erkennen können, wenn sie die Ergebnisse auf ihren Bildschirmen betrachten.

Bluetooth-Mikrofone und verbesserte Audioaufnahmen
Nicht nur die visuelle Qualität hat sich verbessert, sondern auch die Audioqualität. Die Verwendung von Bluetooth-Mikrofonen in Verbindung mit Smartphones hat es ermöglicht, kristallklaren Ton aufzunehmen, der mit der Klangqualität von hochwertigen Fernsehübertragungen konkurrieren kann. Diese technologische Weiterentwicklung hat die Hürden für Interviews an lauten oder ungewöhnlichen Orten gesenkt und ermöglicht es, Interviews mit hervorragender Tonqualität durchzuführen.

3.4 Social Media im Einsatz

3.4.1 Einführung

Soziale Medien spielen auch bei Einsätzen eine immer größere Rolle. Bei größeren Ereignissen sind die ersten Bilder und Videos oft schon online, bevor die Rettungskräfte vor Ort sind. Aber auch bei kleineren Ereignissen, wie einem PKW-Brand mit entsprechender Rauchentwicklung, dauert es manchmal nur wenige Minuten, bis Beiträge beispielsweise in lokalen Facebook-Gruppen gepostet werden. Falschmeldungen oder Mutmaßungen machen dann ebenfalls schnell die Runde. Bei schweren Verkehrsunfällen erreichen Informationen über soziale Medien oft innerhalb kürzester Zeit auch die Angehörigen. Aber auch die direkte Kommunikation von Bürgern mit Behörden und Hilfsorganisationen kann großen Nutzen bringen – für beide Seiten.

3.4.2 Konzepte

Soziale Medien neben der alltäglichen Öffentlichkeitsarbeit im Einsatzfall zu nutzen, ist auch für kleine Feuerwehren umsetzbar. Bei alltäglichen Einsätzen und kleineren

Lagen ist eine Nachberichterstattung ausreichend. Eine Berichterstattung in den sozialen Medien und auf der Website sollte spätestens nach 24 bis 48 Stunden erfolgen. Bei größeren Ereignissen ist eine Berichterstattung bereits während des laufenden Einsatzes sinnvoll. Dazu ist es notwendig, dass eine Einsatzkraft vor Ort (z. B. der Pressesprecher) oder im Hintergrund (z. B. in der Zentrale oder Leitstelle) die Medienarbeit übernimmt.

Je nach Größe des Ereignisses müssen die Aufgaben der Presse- und Medienarbeit auf mehrere Einsatzkräfte verteilt werden. Hierzu bietet sich die Zusammenarbeit mehrerer Feuerwehren z. B. auf Landkreisebene an. Führungsunterstützungseinheiten für die Presse- und Medienarbeit können so breiter aufgestellt werden und die betroffene Feuerwehr bei Bedarf unterstützen – von der fachlichen Beratung über die Unterstützung bei der Einsatzdokumentation und der Medienarbeit vor Ort bis hin zur Stellung eines Pressesprechers oder eines S5 im Stab.

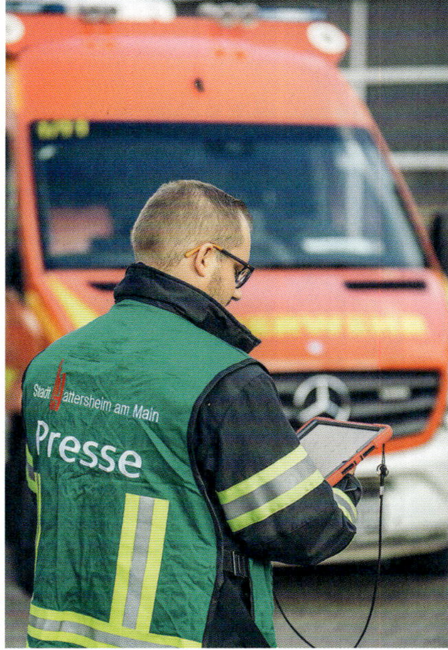

Bild 29: ***Ausgestattet mit Smartphone, Tablet oder Laptop kann die Presse- und Öffentlichkeitsarbeit aus dem Einsatz heraus realisiert werden. (Quelle: Svenja Baum)***

Ereignisse, die ein besonderes öffentliches Interesse erregen und daher eine frühzeitige und aktive Medienarbeit notwendig machen können:

- Einsätze mit konkreter Gefahr für Leib und Leben

- Ereignisse mit großer Aufmerksamkeit der Bevölkerung
- Besondere bzw. seltene Ereignisse im Feuerwehralltag (z. B. Brand eines Funkmastes, Elektrofahrzeugbrände, Einsatz von Sondereinheiten, Einsatz eines Polizei- oder Rettungshubschraubers)
- Besondere bzw. seltene Ereignisse (z. B. vorbildlich agierende Ersthelfer, erfolgreicher Einsatz eines öffentlichen AED)
- Ereignisse, die die Möglichkeit eröffnen, Präventionshinweise zu geben (z. B. Unfall beim Grillen durch Brandbeschleuniger, brennender Adventskranz)
- Beeinträchtigungen des öffentlichen Lebens, z. B. durch Sperrung von bedeutenden Verkehrswegen
- Größere Einsätze mit anderen (Hilfs-)Organisationen
- Besondere Tierrettungen o. Ä.
- Störungen von Feuerwehreinrichtungen (z. B. Sirenen)

Weitere Indikatoren für die Notwendigkeit einer Berichterstattung können beispielsweise sein:

- Beteiligung des Brandschutzaufsichtsdienstes
- Beteiligung der Einsatzleitung Rettungsdienst
- Einsatz aller Feuerwehren einer Kommune
- Einsatz überregionaler Feuerwehren oder Einheiten
- Hohe Nachfrage durch Bürger und Presse

Stufenkonzept der Presse- und Medienarbeit

Stufe 1: Nur soziale Medien – Berichterstattung im Nachgang
Stufe 2: Pressearbeit nach dem Einsatz – Verfassen einer Pressemitteilung im Nachgang
Stufe 3: Aktive Presse- und Medienarbeit während des Einsatzes (klein) – Presse- und Medienarbeit vor Ort durch Einsatzleiter oder Pressesprecher
Stufe 4: Aktive Presse- und Medienarbeit während des Einsatzes (groß) – Presse- und Medienarbeit vor Ort und im Hintergrund durch mehrere Pressesprecher/Medienteam

Praxisbeispiel: Presse- und Medienarbeit bei einer Hausexplosion in Bochum

Bild 30: ***Dominic Iven war als Pressesprecher nach der Hausexplosion rund neun Stunden vor Ort im Einsatz. (Quelle: Dominic Iven)***

Am Abend des 10. Januar 2023 kam es gegen 21:40 Uhr, vermutlich in Folge einer Explosion, zum vollständigen Einsturz eines Wohngebäudes in Bochum. Zahlreiche Anwohner meldeten den lauten Knall über den Notruf der Feuerwehr Bochum. Es begann ein Großeinsatz für die Feuerwehr Bochum – auch in Sachen Presse- und Öffentlichkeitsarbeit.

Im Einsatz waren 120 Einsatzkräfte von Feuerwehr und Rettungsdienst, 20 Einsatzkräfte vom THW Bochum und 20 Einsatzkräfte von zwei Rettungshundestaffeln. Eine verschüttete Person konnte leider nur noch tot aus den Trümmern des Hauses geborgen werden. Mit Beiträgen und Videostatements berichtete die Feuerwehr Bochum laufend auf Facebook, Instagram und Twitter/X sowie mit mehreren Pressemitteilungen aus dem Einsatz.

Dominic Iven war als Pressesprecher der Feuerwehr Bochum vor Ort und schildert in einem Interview seinen Einsatz: »TH4 Einsturz Gebäude – Ein solches Stichwort als initiale Alarmierung ist definitiv kein Alltag. Die Alarmierung als Pressesprecher wurde durch die Leitstelle auch sofort durchgeführt. Bei so einem Ereignis ist die Medienpräsenz schon vorprogrammiert. An der Einsatzstelle angekommen, stand mein Telefon dann entsprechend nicht mehr still. Insgesamt haben wir zu dritt die Pressearbeit gestemmt. Rund neun Stunden des zwölfstündigen Einsatzes habe ich begleitet.«

Wie ist die Pressearbeit der Feuerwehr Bochum organisiert?
Dominic Iven: Eine Stelle Presse- und Öffentlichkeitsarbeit (PÖA), die das Sachgebiet im Alltag abdeckt. In Einsatzfällen gibt es einen Pressesprecherpool mit rund zehn Personen, die als Pressesprecher agieren können. Dies ausschließlich im Tagdienst – danach wird der A-Dienst Pressesprecher. Bei Bedarf werden die Pressesprecher aus der Freizeit geholt.

Wie lief der Einsatz für Dich als Pressesprecher ab?
Dominic Iven: Information zum Einsatz in der Freizeit, auftakeln auf der Wache, Einsatzstelle anfahren und Pressetelefon übernommen. Pressevertreter an einem zentralen Ort gesammelt. Interviews gegeben und Updates im späteren Verlauf. Ständigen telefonischen Kontakt mit Pressevertreter sowie mit dem Back-up-Mann in der Leitstelle.

Was habt Ihr vor Ort und im Hintergrund gemacht? Wie habt Ihr Euch organisiert und aufgeteilt?
Dominic Iven: Der A-Dienst (an dem Tag auch zufällig der Amtsleiter Simon Heußen) hat die Interviews vor Ort gegeben. Ich als PÖA-Mann habe das Pressetelefon abgedeckt. Eine Person war noch in der Leitstelle und hat die Social-Media-Kanäle bespielt. Infos dafür habe ich per Telefon geliefert.

Welche Ausrüstung und Hilfsmittel stehen Euch zur Verfügung?
Dominic Iven: iPhone, iPad und Sony Alpha A7 III. Häufig werden aber auch die privaten Geräte genutzt.

Welchen Einfluss hat die Presse- und Öffentlichkeitsarbeit auf den eigentlichen Einsatz?
Dominic Iven: Im besten Fall ist ein Pressesprecher vor Ort, der die Medien betreuen und mit Infos versorgen kann. Die Einsatzdienstkollegen haben daher kaum/keine Berührung mit der Presse und können sich auf den Einsatz konzentrieren. Grundsätzlich ist aber eine proaktive Pressearbeit wichtig, um den Druck der Medienvertreter zu nehmen.

Welche Erfahrungen in Bezug auf die Presse- und Öffentlichkeitsarbeit nimmst Du aus dem Einsatz mit?
Dominic Iven: Drei Personen sind das Minimum für Lagen dieser Art. Und die Pressearbeit nach dem Einsatz nicht unterschätzen. Die Anfragen waren gehäuft und es gab noch etliche Interviews.

3.4.3 »Gaffer« an der Einsatzstelle

Das Phänomen der »Gaffer« am Einsatzort ist nicht neu. Wenn die »großen roten Autos« mit Blaulicht im Einsatz sind, eine Rauchsäule in den Himmel steigt oder wichtige Verkehrsachsen gesperrt werden, zieht das immer auch Schaulustige an. Blieb es früher bei neugierigen Blicken, sind heute Bilder und Videos binnen Minuten im Netz oder werden sogar live übertragen. Im Gegensatz zu Journalisten kennen die »Laien-Reporter« jedoch die ethischen und presserechtlichen Grundsätze der Berichterstattung nicht. Dadurch behindern sie unter Umständen die Arbeit von Ersthelfern oder Rettungskräften.

Durch eine schnelle und gute Reaktion in den sozialen Medien auf solche Aufnahmen können die Feuerwehren versuchen, die Verbreitung dieser teilweise schrecklichen Bilder zumindest etwas einzudämmen, indem andere Nutzer diese nicht mehr so häufig teilen. Die Aufnahmen und die Verbreitung solcher Bilder lassen sich jedoch kaum verhindern.

In jedem Fall muss darauf geachtet werden, dass solche Aufnahmen nicht auch von Einsatzkräften gemacht oder in Umlauf gebracht werden. Die Einsatzkräfte müssen für die Problematik sensibilisiert werden und es muss im Vorfeld genau geklärt werden, welche Einsatzkräfte solche Aufnahmen für die interne Dokumentation und Öffentlichkeitsarbeit anfertigen dürfen.

Die Einsatzkräfte stehen damit potenziell unter ständiger Beobachtung. Platzt ein Schlauch oder geht grundsätzlich etwas im Einsatz schief, verbreiten sich diese Aufnahmen ebenfalls schnell im Netz. In der ständigen Beobachtung liegt aber auch eine Chance. Wenn die Einsatzkräfte sich professionell verhalten und die Einsatzstelle als »Bühne« sehen, auf der sie sich und ihr Können präsentieren, verbreitet sich auch das in den sozialen Medien.

3.4.4 Umgang mit Spontanhelfern

Vergangene Katastrophen und Großschadensereignisse zeigen: Spontane Helfer organisieren sich vor allem über soziale Netzwerke. Bei der Hochwasserkatastrophe an der Ahr 2021 gab es Dutzende von entsprechenden Facebook-Gruppen und Telegram-Kanälen.

Daher ist es wichtig, als Behörde oder Organisation in den sozialen Medien vertreten zu sein. Nur so können die Stäbe den Überblick behalten, wo sich wie viele Spontanhelfer versammeln und wie genau sie helfen wollen.

Die aktive Kommunikation mit den Veranstaltern sollte dabei nicht vergessen werden. So kann auf Gefahren hingewiesen und auf besonders sinnvolle Hilfsmöglichkeiten aufmerksam gemacht werden. Ziel muss es sein, die Helfer zu einer Registrierungsstelle zu bringen und von dort aus gezielt nach ihren Fähigkeiten einzusetzen.

3.4.5 Virtual Operations Support Teams

Für Feuerwehr und Co. wird es daher gerade bei Großereignissen immer wichtiger, die sozialen Medien im Auge zu behalten. Kann dies bei kleineren Ereignissen noch mit eigenen Mitteln geleistet werden, bedarf es bei Großereignissen oder Katastrophenlagen eigener Strukturen, die den Pressesprecher oder das Sachgebiet 5 im Katastrophenschutzstab unterstützen. Fehlte es in der Vergangenheit bei Einsätzen oft an Informationen, so gibt es heute eine kaum überschaubare digitale Informationsflut, die für Einsatzstäbe und Rettungskräfte potenziell relevant ist. Gleichzeitig fehlt es aber an personellen Ressourcen und Know-how, um dieses Wissen adäquat für den Einsatzablauf zu filtern und aufzubereiten.

Zu diesem Zweck haben sich in den letzten Jahren verschiedene VOST-Einheiten, z. B. beim Technischen Hilfswerk, gebildet. VOST steht für Virtual Operations Support Team, also ein virtuelles Einsatzunterstützungsteam.

Ein VOST kann eine wichtige Rolle spielen, um die Einsatzleitung zu unterstützen. Das Team soll dabei helfen, kontinuierlich die sozialen Medien zu beobachten und digitale Lageberichte zu erstellen. Darüber hinaus kann es Karten des Schadensgebietes erstellen, Informationen zu Zufahrtsstraßen und Sammelpunkten bereitstellen, wichtige Informationen selektieren und weitergeben und mit anderen digitalen Netzwerken und VOSTs zusammenarbeiten.

Die Einsatzkräfte bringen aus verschiedenen Bereichen Fachkenntnisse mit:

- Big-Data-Auswertung
- Social-Media-Monitoring und -Analyse
- Geoinformationssysteme
- Analysefähigkeiten z. B. bei Desinformationen
- Krisenkommunikation

Bild 31: ***Das »Virtual Operations Support Team« (VOST) des THW im Einsatz während der Tour de France in Düsseldorf. (Quelle: THW)***

- Open Source Intelligence (OSINT)
- IT-Sicherheit
- Presse- und Öffentlichkeitsarbeit
- Psychosoziale Bedarfe

In einer Einsatzlage sichten die Freiwilligen die verschiedenen sozialen Medien, strukturieren die Informationsflut und bewerten die gesammelten Informationen. Hinzu kommt die Filterung seriöser Daten von Falschinformationen.

Einsatzanlässe für ein VOST sind alle Großereignisse, die (voraussichtlich) längere Zeit andauern oder viele Menschen betreffen (z. B. Großbrände, Überschwemmungen, aber auch Amokläufe oder Terroranschläge).

Wie kommt das VOST des THW in den Einsatz?

Wie jede andere Facheinheit des THW kann auch das VOST von den Anforderern im Rahmen der Amtshilfe um Unterstützung gebeten werden. Kann das VOST die angeforderte Leistung erbringen, setzt sich einer der Koordinatoren des VOST mit dem Anforderer in Verbindung, um die Einzelheiten der Hilfeleistung abzustimmen. Parallel dazu bereiten sich die Einsatzkräfte vor und können innerhalb kurzer Zeit mit der Arbeit beginnen. Lange Anfahrtswege entfallen für das Team. Der »Technische Berater VOST« verbindet durch seine physische Präsenz die virtuelle Einheit mit dem Stab und stellt so die Informationsweitergabe und Beratung sicher. Nachfrager des VOST sind die Einsatzstäbe der Landkreise, Kommunen und Länder. Darüber hinaus wird das VOST für Feuerwehren, Bundes- und Landespolizei eingesetzt.

4 Presse- und Öffentlichkeitsarbeit im Alltag

4.1 Definition der Ziele und Zielgruppen – Wen spreche ich wie an?

Als Zielgruppe definiert man einen sogenannten Stereotyp, welcher anhand von verschiedenen psychografischen Merkmalen oder demografischen Merkmalen gruppiert wird und für gezielte Werbung in Gruppen eingeteilt wird. So wird die Werbung im Alltag gezielt an die Bedürfnisse der gewünschten Zielgruppe angepasst und entsprechend ausgespielt.

Die Einteilung der Zielgruppen ist einer der Schlüsselfaktoren bei Werbemaßnahmen zur Gewinnung von Mitgliedern. Man sollte sich fragen: Wen wollen wir für unsere Freiwillige Feuerwehr gewinnen? Was können wir unserer Zielgruppe bieten? Gerade Letzteres sollte im Fokus stehen. Folgende Fragen können dabei helfen:

- Welches Bedürfnis können wir als »Hobby Feuerwehr« decken?
- Was wünscht sich unsere Zielperson im Alltag?
- Welche Emotionen sind bei unserer Zielgruppe besonders ausgeprägt?
- Welche Menschen sind bereits in unserer Feuerwehr und warum sind diese dabei?
- Auf welchem Weg kann ich meine Zielgruppe erreichen, beispielsweise online oder offline?
- Lassen sich die Zielgruppen in weitere Gruppen unterteilen mit abweichendem Bedarf?

Ist es die 27-jährige Mutter einer zweijährigen Tochter, welche mit ihrem Mann in einem Reihenendhaus wohnt? Oder ist es der 52-jährige Vater zweier erwachsener Söhne, der gerade einen beruflichen Wechsel im mittleren Management hinter sich hat? Beides sind Menschen, die in die Organisation gut passen, die aber in ihrem aktuellen Lebensabschnitt verschiedene Bedürfnisse haben, die es zu befriedigen gilt.

Bei der Mutter kann man davon ausgehen, dass sie aktuell mit der Erziehung ihrer Tochter alle Hände voll zu tun hat. Hier ist es als Feuerwehr sehr schwer, Fuß zu fassen, da die 27-Jährige kaum zeitliche Ressourcen zur Verfügung hat. Ist vielleicht aber genau das der Punkt, an dem man anknüpfen kann? Kann die Feuerwehr ihr eine Abwechslung zum Alltag bieten und ihr ein paar »kinderfreie« Momente geben? Wird sie eher über Social Media oder über eine Flyeraktion im Briefkasten erreicht? Aufgrund der Altersstruktur könnte man hier über die sozialen Medien ansetzen und ganz bewusst auf das Thema »Ausgleich zum Alltag« abzielen.

Den 52-jährigen Vater zu erreichen, wird vermutlich einfacher. Die Erziehung der Söhne ist abgeschlossen. Beruflich steht er mit beiden Beinen im Leben. Die Anknüpfungspunkte könnten sein, dass er mit 52 Jahren »nochmal was Sinnvolles« machen möchte. Vielleicht möchte er sich auch seinen Kindheitstraum erfüllen, Feuerwehrmann zu werden. In diesem Fall sollte vermittelt werden, dass es nie zu spät ist, mit der Feuerwehr als Hobby oder Ehrenamt anzufangen. Die Ansprache dieser Zielgruppe gestaltet sich ein wenig herausfordernder. Nicht in allen Fällen ist diese Altersgruppe in sozialen Medien unterwegs. Hier kann die persönliche Ansprache eines gleichaltrigen Feuerwehrmitgliedes Mittel der Wahl sein. Der 52-Jährige könnte sich in diesem Mitglied wiederfinden.

Fazit: Machen ist wichtig. Das »Wie« zu beleuchten auch. Lieber zweimal mehr über die geplante Kampagne nachdenken und zielgerichtete Maßnahmen ergreifen, als voreilig Geld und Zeit zu verschwenden. Bei Zweifeln oder Unsicherheiten bietet sich immer ein Blick über den Tellerrand an. Wie werben Firmen? Was haben andere Feuerwehren schon gemacht, um ihre Zielgruppe zu erreichen? Austausch ist wichtig!

4.2 Pressearbeit bei der Feuerwehr – Viel mehr als nur Einsatzberichte

Ist Presse- und Öffentlichkeitsarbeit bei der Feuerwehr immer nur der Dialog zwischen Journalisten und Feuerwehr, das Interview oder der Jahresbericht auf der Jahreshauptversammlung? Moderne Pressearbeit ist viel mehr. Sie hat sich in den letzten Jahren neu strukturiert und besteht heute aus mehreren Tätigkeitsbereichen. Im Folgenden werden einige Modelle beleuchtet und anhand von Praxisbeispielen erläutert.

4.2.1 Neue Fahrzeuge und Ausrüstung

Brände, Verkehrsunfälle, Hilfeleistungen und vieles mehr fordern die Feuerwehren. Auch die Anforderungen an die Fahrzeuge steigen und die Aufgaben werden komplexer. Um alle Bereiche abdecken zu können und ein modernes und leistungsfähiges Fahrzeug zu beschaffen, bedarf es einer intensiven Planung. In den meisten Feuerwehren wird der Ist-Zustand der vorhandenen Fahrzeuge und Geräte ermittelt, um in Zusammenarbeit mit der Stadt oder Gemeinde ein Anforderungsprofil zu erstellen. In verschiedenen Projektgruppen kommen die Fachbereiche zusammen und diskutieren über die Notwendigkeit der verschiedenen Geräte. Ein oft vergessener Aspekt ist der Auftritt in der Öffentlichkeit. Feuerwehrfahrzeuge stehen im Mittelpunkt und werden viel gesehen. Für eine positive Außendarstellung sollten daher in Absprache mit dem Pressesprecher oder dem Team für Öffentlichkeitsarbeit Design, Wappen, Farbe und ggf. Werbung auf der Internetseite festgelegt werden.

Die Feuerwehr Erkrath (NRW) ging mit gutem Beispiel voran. Mit einem rosa Feuerwehrfahrzeug (HLF 20/16S Magirus Iveco) startete sie 2015 eine Imagekampagne. Unter dem Motto »Augen auf« konnten sich Interessierte auf einer eigens eingerichteten Facebook-Seite beteiligen, indem sie gemeinsame Fotos mit dem Fahrzeug hochluden. Das Foto mit den meisten Likes wurde gekürt und mit einem Preis belohnt. Die auffällige Beklebung des erstausrückenden Fahrzeugs wurde vom Förderverein der Feuerwehr Erkrath finanziert.

Dieses aufsehenerregende Beispiel ist das Ergebnis einer durchdachten Werbekampagne, um möglichst viele Menschen auf die Feuerwehr aufmerksam zu machen. Doch so spektakulär wie in Erkrath muss es nicht immer sein. Es gibt viele Möglichkeiten, das neue Einsatzfahrzeug ins rechte Licht zu rücken. Corporate Design heißt hier das Stichwort (▶ Kapitel 5). Es macht die Feuerwehr nicht nur moderner, sondern auch einheitlicher. Viele Feuerwehren bestehen aus mehreren Löschzügen oder Abteilungen mit eigenen Internetseiten, Flyern oder Briefpapier. Der einheitliche Auftritt innerhalb der Feuerwehr ist enorm wichtig, um ein Wiedererkennungsmerkmal zu schaffen, das sich durch alle verwendeten Medien zieht. So kann ein neu entworfenes Logo zum Eyecatcher werden und als Design für alle Einsatzfahrzeuge übernommen werden. Der Kreativität sind hier keine Grenzen gesetzt.

Bild 32: ***Ein Corporate Design hat einen Wiedererkennungswert und stärkt das Zusammengehörigkeitsgefühl innerhalb der Feuerwehr. (Quelle: Samtgemeinde Feuerwehr Harpstedt)***

4.2.2 Kuriose und schöne Geschichten

Es gibt viele ernste Pressemitteilungen und Nachrichten über die Feuerwehr. Zwischen all den Einsätzen gibt es aber auch lustige oder kuriose Meldungen. Diese können in einer Pressemitteilung oder einem Social-Media-Beitrag auf unterhaltsame Weise das bunte Spektrum der Feuerwehr widerspiegeln.

»… der pflichtbewusste Pizzabote in Hungen-Bellersheim (HE). Auf glatter Fahrbahn gerät das Lieferfahrzeug des Mannes ins Schleudern, rutscht in einen Graben, überschlägt sich und bleibt auf dem Dach liegen. Der unverletzte Fahrer behält die Nerven – er liefert das bestellte Essen kurzerhand zu Fuß aus. Die Feuerwehr sichert derweil die Unfallstelle und hilft bei der Bergung des Pkw.« (Feuerwehr-magazin 4/2021)

Schöne Nachrichten werden selten veröffentlicht. Aber warum nicht einmal eine Pressemitteilung über erfreuliche Momente verfassen? »Good News« werden von den Medien immer mehr genutzt und ersetzen die dramatischen Nachrichten unserer Zeit. Zwischen all den Schlagzeilen über Unfälle, Kriminalität oder Krieg liest sich ein Bericht über eine schöne Feuerwehrgeschichte viel angenehmer und lockert die ernsten Nachrichten auf. Ein weiteres Beispiel dafür können Danksagungen nach Einsätzen sein, bei denen die Betroffenen in die Feuerwache kommen und sich bei den Einsatzkräften bedanken. Auch eine gut ausgegangene Tierrettung kommt gut

an. Warum also nicht das nächste Mal über die vom Dach gerettete Katze oder den in einem Tornetz gefangenen Bussard berichten?
Ein Beispiel, wie ein Artikel in einer überregionalen Zeitung aussehen kann:

»Passend zu Ostern haben Feuerwehrleute in Bremerhaven ein Entenküken gerettet. Es war in einen Straßengully gestürzt, wo Passanten es am Morgen des Ostersonntags entdeckt haben, wie die Feuerwehr mitteilte. Die Entenmutter und zehn Geschwisterküken riefen den Angaben zufolge »unentwegt« nach dem verlorenen Familienmitglied. (…) Um es wieder anzulocken, nahmen Feuerwehrleute mit dem Smartphone die Laute der Entenmutter auf und spielten das Schnattern in verschiedenen Gullys ab. So gelang es ihnen den Angaben zufolge, das Küken in einen Ablaufschacht zu locken und von dort zu retten.« (Spiegel.de 17.04.2022)

Bild 33: ***Fotos von Kleintierrettungen der Feuerwehr sind nicht zu unterschätzen: Sie gehen in kürzester Zeit viral. (Quelle: Feuerwehr Bremerhaven)***

4.2.3 Sportliche Leistungen

Feuerwehrleute sind ein Querschnitt der Gesellschaft und dementsprechend in vielen Bereichen vertreten. In ihren Reihen finden sich nicht nur tolle Handwerker, IT-Spezialisten, Fotografen, Köche oder Akademiker, sondern auch Spitzensportler. Nico Franke vom Verein Time Sports Hessisch Oldendorf wurde 2019 mit Deutschland Mannschaftsweltmeister im Crossminton und gewann an der Seite seines Bruders Maximilian WM-Bronze im Doppel. Gleichzeitig ist er Einsatzkraft bei der Feuerwehr und engagiert sich als Betreuer für die Jugendfeuerwehr. Weltmeister und Feuerwehrmann zugleich, das ist nicht alltäglich. Eine kurze Pressemitteilung und ein Social-Media-Beitrag verhelfen der Feuerwehr zu einer guten Öffentlichkeitsarbeit und machen deutlich, dass Vielfalt hier großgeschrieben wird. Dabei muss es nicht immer um Sportler gehen, es kann auch ein Bericht über die bestandene Grundausbildung der neuen Einsatzkräfte sein. Außerdem ist es eine Anerkennung für die betreffende Person und kann die Mitgliederwerbung enorm fördern.

4.2.4 Video-Projekte

Was früher mit viel Aufwand verbunden war, ist heute schnell geschnitten und hochgeladen. Die Rede ist von Videoprojekten. Manch einer denkt dabei an einen Imagefilm im Rahmen einer Werbekampagne für die Feuerwehr oder an einen Jahresrückblick für die Mitgliederversammlung. Aber auch TikTok und Instagram nehmen immer mehr Raum in der digitalen Welt ein und erreichen mit ihren Clips Millionen von Nutzern. Sogenannte Reels auf Instagram sind kurze Videos, die aus einem Ton und einer darüber gelegten Videosequenz bestehen. Diese kurzen Sketche können problemlos 100 000 Zuschauer erreichen. Hier ist es wichtig, jemanden zu finden, der sich mit dem Thema auseinandersetzt.

In den Mediatheken von TikTok und Instagram gibt es viele Sounds, sodass nur noch das Video gefilmt werden muss. Hier ist Kreativität gefragt. Je ausgefallener das Video, desto größer die Reichweite. Aber Vorsicht: Nicht ins Lächerliche ziehen und auf einen professionellen Auftritt im Internet achten, sonst wird das gut gemeinte Video schnell zur Lachnummer.

Ein Ausbilder einer großen Berufsfeuerwehr im Ruhrgebiet gab seinen Auszubildenden immer folgenden Merksatz für alle Lebenslagen mit auf den Weg: »Kann ich das? Darf ich das? Und wenn ja, welche Konsequenzen könnten auf mich zukommen?«

Bedenkt man diesen Merksatz im Zusammenhang mit der Veröffentlichung von Bildern oder Videos im Internet, kann man sich unerfreuliche Konsequenzen oder unangenehme Fragen sparen und im schlimmsten Fall den Upload stoppen. Zahlreiche Beispiele finden sich auf den oben genannten Plattformen unter dem Hashtag #Feuerwehr.

Erklärung TikTok:

TikTok ist ein soziales Netzwerk, ähnlich wie Instagram. Anstelle von Bildern werden jedoch kurze, selbstgedrehte Videos mit Musik unterlegt. Oft wird dazu synchron getanzt oder gesungen. Mittlerweile geht es bei TikTok aber nicht mehr nur um Musik und Tanz. Auch Nachrichten, Mode und Comedy sind wichtige Themen. Ähnlich wie bei Instagram geht es um unterhaltsame und leicht verdauliche Inhalte. Da die Videos meist auf eine Länge von zehn Sekunden begrenzt sind, prasseln immer wieder neue Eindrücke auf den Nutzer ein.

4.3 Der Auftritt in der Öffentlichkeit – Vom Kindergartenfest bis zum Tag der offenen Tür

Dass ein gelungener Auftritt in der Öffentlichkeit wesentlich zum Wachstum einer Feuerwehr beiträgt, sollte nach den vorangegangenen Kapiteln deutlich geworden sein. Doch wo wendet man sich am besten an wen?

4.3.1 Was mache ich bei welcher Veranstaltung?

Bevor man beginnt, auf Veranstaltungen aktiv zu werden, muss man sich die grundlegende Frage stellen: Was will ich?

Bei den vielen Veranstaltungen, auf denen man präsent sein kann, gibt es unterschiedliche Personengruppen. Das örtliche Kindergartenfest hat in der Regel ein jüngeres Publikum und eine spielerische Untermalung der Veranstaltung reicht völlig aus. Hier können einfache Mittel zum Erfolg führen. Eine altbewährte Methode ist die Spritzwand, die mit wenig Aufwand viel Spaß bringt und die Neugier der potenziellen neuen Kinder- und Jugendfeuerwehrmitglieder weckt. Eine weitere interessante Möglichkeit sind Informationsveranstaltungen in weiterführenden Schulen. Die Schulabgänger sind in einem Alter, in dem sie in die Einsatzabteilung wechseln können. Eine frühzeitige Mitgliederwerbung ist wichtig, denn das Angebot an Freizeitaktivitäten ist groß. Geschieht dies nicht, wird die Feuerwehr in den nächsten Jahren ein großes Nachwuchsproblem haben.

Jede Veranstaltung sollte entsprechend geplant und mit dem vorhandenen Material möglichst professionell durchgeführt werden. Man unterscheidet zwischen aktiver und passiver Planung einer Veranstaltung.

Aktive Planung

Die aktive Planung umfasst Veranstaltungen, die von der Feuerwehr selbst durchgeführt werden. Beispiele sind ein Tag der offenen Tür, ein Jubiläum oder ein Schnupperabend zur Mitgliederwerbung. Teilweise werden auch Oster- oder Sonnwendfeuer von den Feuerwehren geplant und durchgeführt, sodass zwei bis drei Einsatzkräfte an den Einsatzfahrzeugen abgestellt werden und den Besuchern für Fragen zur Verfügung stehen.

Die aktive Organisation erfordert eine umfassende und vorausschauende Planung. Bei solchen Veranstaltungen ist mehr zu beachten, als man im ersten Moment denkt.

Wer haftet für unvorhergesehene Schäden? Was ist beim Umgang mit Lebensmitteln zu beachten, was beim Jugendschutz und wann und wo muss ich meine Veranstaltung überhaupt anmelden? Es sollte frühzeitig eine Arbeitsgruppe gebildet werden, die sich ausschließlich mit der Planung und Durchführung beschäftigt.

Die richtige Versicherung

Der Förderverein der Feuerwehr Musterstadt möchte ein Jubiläumsfest veranstalten und benennt Max als Organisator. Max gründet eine Arbeitsgruppe aus fünf Personen, um an alles zu denken und keine Fehler zu machen. Er hat an alles gedacht, aber es fehlt noch der richtige Ort. Da das Gelände der Feuerwehr zu klein ist, erkundigt er sich beim örtlichen Heimatverein. Dieser besitzt ein großes Gelände mit vielen Festscheunen, die für Veranstaltungen genutzt werden können. Das Jubiläum ist in vollem Gange, viele Feuerwehren aus der Umgebung sind angereist. Auch der Bürgermeister und die Stadtverwaltung sind gekommen. Für die Verpflegung der Gäste wurde ein Getränkewagen gemietet. Zwei Stunden nach Beginn des Jubiläums bricht die Stütze des Getränkewagens, die Bremse löst sich und rollt auf das geparkte Auto des Bürgermeisters zu. Mit voller Wucht wird das Fahrzeug seitlich getroffen. Es entstehen teure Schäden an Türen, Lack und auch eine Scheibe ist gesprungen.

Max erkundigt sich nach der Rechtslage. Er liest: »Beim eingetragenen Verein sind Veranstaltungen bis zu einem gewissen Umfang manchmal in der Veranstaltungshaftpflichtversicherung enthalten. Vor einer Veranstaltung sollte man aber unbedingt die Versicherungspolice nochmals überprüfen, insbesondere, wenn die Versicherung schon über viele Jahre besteht.«

Max ruft sofort bei der Versicherung an und muss feststellen, dass der Schaden nicht gedeckt ist. Für den Schaden am Auto des Bürgermeisters muss der Förderverein tief in die Tasche greifen. Hätte Max sich vorher über die bestehenden Versicherungen informiert, hätte er für diesen Fall eine ausreichende Versicherung abschließen können.

Veranstaltung anmelden

Wenn bei der Veranstaltung Speisen oder Getränke angeboten werden, fällt diese automatisch unter das Gaststättengesetz. Schon bei der Planung muss diese rechtzeitig angemeldet werden. Aber wann muss ich meine Veranstaltung anmelden? Ganz einfach: Nach dem Gaststättengesetz muss eine Gestattung mindestens 14 Tage vor dem Termin beantragt werden.

Die Anmeldung kann beim zuständigen Bürgeramt/Ordnungsamt erfolgen. Sie enthält Angaben über die Lage und Art der Räume, die Art des Ausschanks sowie den Anlass und die voraussichtliche Dauer der Veranstaltung.

Sicherheitsrisiken einer Veranstaltung

Nicht nur die Anmeldung einer Veranstaltung ist wichtig, sondern auch das Wissen um mögliche Sicherheitsrisiken. Wäre der Getränkewagen auf einen Gast zugerollt und hätte ihn überfahren, hätte dies Personenschäden zur Folge gehabt. War der Standort des Wagens der richtige?

Bei der Planung von Veranstaltungen müssen weitere Fragen gestellt werden: Ist der Ausschank glasfrei und sind die Speisen keimfrei? Auch Sicherheitskontrollen am Eingang, Parkplatzwächter oder Ordner sind zu berücksichtigen. Die Zufahrten für Rettungsfahrzeuge sind so zu wählen, dass eine reibungslose An- und Abfahrt gewährleistet ist.

Ein Unfall während einer Veranstaltung soll nicht zum finanziellen Problem werden. Aus diesem Grund ist eine Veranstalterhaftpflicht mehr als sinnvoll und schützt vor den oben genannten Risiken.

Auf der Internetseite des Deutschen Freiwilligendienstes finden sich einige hilfreiche Tipps für eine strukturierte und gute Planung.

Passive Planung

Unter passiver Planung versteht man den Gastauftritt der Feuerwehr bei einer Veranstaltung, bei der sie nicht selbst als Hauptorganisator verantwortlich ist. Ein Beispiel dafür ist das Stadtfest, bei dem mehrere Geschäftsinhaber, Vereine oder gemeinnützige Organisationen eingeladen wurden und sich repräsentieren. Hier kann die Feuerwehr mit einfachen Mitteln eine große Wirkung erzielen. Es kann ein kleiner Informationsstand aufgebaut werden, an dem Interessierte die Schutzkleidung anprobieren können. Auch eine Laienreanimation kann geübt werden, um die Wichtigkeit dieser Maßnahme zu unterstreichen und Ängste abzubauen. Wenn ein

Raum in der Nähe ist oder ein Zelt/Pavillon zur Verfügung steht, kann eine Nebelmaschine eingesetzt werden. In dem verrauchten Raum können die Besucher nach einer Person suchen. Der Klassiker ist jedoch das Feuerwehrauto. Es kann aufgestellt und geöffnet werden. Maximal drei Einsatzkräfte erklären die Ausrüstung und die Aufgaben der Feuerwehr.

In jeder Region gibt es eine Vielzahl von Veranstaltungen, Traditionen und Aktionen, die sich großer Beliebtheit bei der Bevölkerung erfreuen. Dies sind gute Gelegenheiten, die Feuerwehr in der Öffentlichkeit zu präsentieren und damit zu zeigen, dass die Feuerwehr »im Leben steht«. Viele Veranstaltungen decken sich in idealer Weise mit den Zielen der Feuerwehren.

Nachfolgend einige Anregungen für Veranstaltungen, die von den Feuerwehren selbst durchgeführt werden oder an denen sie sich aktiv beteiligen können:

- Öffentliche Übungsdienste
- Großübungen, Abschlussübungen
- Blaulichtmeile, Katastrophenschutztag
- Tag der offenen Tür, Feuerwehrfeste
- Neujahrsempfang
- Aktionstag zum Mitmachen
- Feuerwehr-AG an Schulen
- Leistungsspange, Jugendflamme, Bundeswettbewerb, …
- Girls' and Boys' Day
- Brandschutzerziehung, Präventionsarbeit
- Weihnachtsbaum-Sammelaktion/-Verbrennung
- Schulfeste, Vereinsfeste, Dorffeste
- Sportveranstaltungen, Stadtlauf, Stadtradeln
- Ferienspiele
- Messen (Fach- oder Verbrauchermessen)
- Sankt-Martins-Umzüge, Fastnachtsumzüge
- Weihnachtsmärkte
- Volkstrauertag
- Osterfeuer, Sonnenwendfeuer
- …

Merke:

Sinnvoller ist es, das Personal am Infostand oder am Fahrzeug zu reduzieren. Hier gilt die Devise: Weniger ist mehr. Wenig Personal wirkt übersichtlich und ansprechend. Steht zu viel Personal am Fahrzeug oder am Infostand, steht man sich leicht im Weg und stört eventuell andere Besucher beim Zuhören.

Material

Das Material muss nicht aufwändig, aber wirkungsvoll sein. Eine einfache Gestaltung überfordert nicht und beschränkt sich auf das Wesentliche. Standardmaterialien wie Roll-ups, Beach-Flags und Pavillons eignen sich sehr gut. Auch hier gilt: Weniger ist mehr. Viel Wert sollte auf ein einheitliches Erscheinungsbild gelegt werden. Wiederkehrende Logos, Schriftzüge und Bildstile runden den öffentlichen Auftritt ab.

5 Der einheitliche Auftritt der Feuerwehr – Corporate Design

5.1 Anwendungsbeispiele von Corporate Designs

Der Begriff Corporate Design umschreibt das Erscheinungsbild einer Organisation nach innen und außen. Mit einem Corporate Design soll ein einheitliches Erscheinungsbild geschaffen werden, um die positive Wahrnehmung in der Bevölkerung und die Identifikation der Haupt- und Ehrenamtlichen mit ihrer Feuerwehr zu steigern. Auch der Wahrnehmungs- und Wiedererkennungsgrad der Feuerwehr soll dadurch erhöht werden. Die Aufgabe des Corporate Designs (CD) ist es, der Organisation einen unverkennbaren Auftritt zu verleihen. Es definiert Farben, Schriften, Logos und die Anordnung dieser Gestaltungselemente. Nachzulesen sind diese Punkte in einem Corporate Design Handbuch.

Beispiele finden sich überall. Elektronik-Hersteller Apple wird seinen angebissenen Apfel niemals ohne Stängel abdrucken, McDonald's wird das goldene M nie in einer anderen Farbe veröffentlichen oder Europapokalsieger Eintracht Frankfurt wird es nicht ohne den berühmten Adler im Logo geben. Selbst kleine Handwerksunternehmen haben ein einheitliches Auftreten im Internet, bei Werbeanzeigen oder beim Fahrzeug- und Textildesign.

Bild 34: ***Der Unterschied zwischen einem Logo und einem Wappen wird im Falle der Feuerwehr Kronberg im Taunus deutlich. (Quelle: Veritas Medien GmbH)***

Feuerwehren tun sich in diesem Bereich sichtlich schwer. Sichtlich ist in diesem Zusammenhang das Zauberwort. Das Corporate Design ist das optische Aushängeschild der Organisation. Oftmals findet man einen bunten Wildwuchs von Logos, T-Shirt-Designs, Briefkopfvorlagen oder sogar Fahrzeug-Beklebung. Das Phänomen ist nicht nur im Bereich von Freiwilligen Feuerwehren zu finden, sondern auch bei Berufsfeuerwehren oder Verbänden. Das Verständnis für die Wichtigkeit des einheitlichen Auftritts war und ist in vielen Köpfen noch nicht angelangt. Dabei ist diese Aufgabe meist innerhalb der eigenen Reihen oder im Feuerwehr-Umfeld umsetzbar.

Hier sollten die kreativen Köpfe in den eigenen Reihen angesprochen werden. Auch könnte die eigene Pressestelle der Stadt- oder Gemeindeverwaltung mit ins Boot geholt werden.

In diesem Zusammenhang schadet es auch nicht, wenn man sich eine Werbeagentur an die Seite holt. Die Werbeprofis haben in diesem Bereich noch weitere Ideen und das gewisse Know-how, um auch psychologische Aspekte in die Gestaltung mit einfließen zu lassen. Die Psychologie ist im Bereich der Kommunikation und Werbung eines der wichtigsten Instrumente.

Ein vollständiges Corporate Design besteht aus sechs verschiedenen Elementen bzw. Gruppierungen:

1. Basiselemente
    a. Logo
    b. Farben
    c. Schriften
    d. Gestaltungselemente
    e. Bildsprache
2. Geschäftsausstattung
    a. Visitenkarten
    b. Briefbogen (für Wehrführung, Jugend- und Minifeuerwehr, Verein)
    c. Präsentationsvorlagen
    d. Briefumschläge
    e. Stempel
    f. Mappen
    g. Blöcke
    h. Vorlagen für Urkunden oder Beförderungen
3. Digitale Medien
    a. E-Mail-Signatur
    b. Newsletter/Infopost intern und extern (bspw. Fördermitglieder)
    c. Webseite
    d. Social-Media-Auftritte
4. Printmedien
    a. Flyer/Faltblätter
    b. Plakate
    c. Einladungen
    d. Anzeigen

5. Außendarstellung
    a. Gebäudekennzeichnung
    b. Fahrzeugbeklebung
    c. Beschriftungen im und am Feuerwehrhaus
6. Weitere Bestandteile
    a. Veranstaltungsausstattung: Roll-ups, Fahnen, Zelte, Messestand
    b. Teamkleidung
    c. Dienstkleidung

Bild 35: ***Konsequente Umsetzung eines Corporate Designs der Deutschen Feuerwehr Gewerkschaft auf allen Online- und Printmedien. (Quelle: Veritas Medien GmbH)***

Ein Corporate Design kann auch anlassbezogen entwickelt und umgesetzt werden.

Beispiel: Freiwillige Feuerwehr Friedrichsdorf-Köppern – 100 Jahre

Zum 100-jährigen Bestehen der Freiwilligen Feuerwehr Friedrichsdorf-Köppern (Hessen) entwickelte der dortige Marketingausschuss, neben einem ausgiebigen Sponsoring-Konzept, ein festeigenes Corporate Design. Zu Beginn wurde das bestehende Logo in eine Jubiläumsversion angepasst. Das Logo hat sich in sämtlichen Druck- und Online-Maßnahmen wiedergefunden und hat dem Fest einen eindeutigen Charakter gegeben.

Die Werbemaßnahmen für das Fest, welches der dortige Förderverein federführend ausgerichtet hat, wurden ein Jahr vorher online gestartet. Mit kurzen

Videoteasern der Wehrführer und des Bürgermeisters wurden den Einwohnern Einblicke in die geplanten Festaktivitäten gegeben. Eine eigene Fest-Webseite (Landingpage) wurde nach Corporate Design aufgebaut und umgesetzt. Zu Jahresbeginn wurden im gesamten Stadtgebiet große Banner an Bauzäunen und an belebten Orten aufgehängt. Auf diesen Bannern haben sich auch Sponsoren wiederfinden können.

Auch wurden Eintrittskarten, 10 000 Flyer, 200 DIN-A3-Plakate optisch gleichbleibend aufbereitet und zu verschiedenen Daten ausgespielt. Durch den Versatz der verschiedenen Maßnahmen wurde der 7 000-Einwohner-Ort fast ein Jahr durchgehend mit demselben Design und Logo auf das Fest vorbereitet und eingestimmt. Eine über 100 Seiten starke Festschrift im quadratischen Format von 21 × 21 cm wurde an die Besucher und Ehrengäste sowie die eigenen Kameradinnen und Kameraden verteilt.

Das Fest war ein voller Erfolg. Die Veranstaltungen waren fast restlos ausgebucht und mit dem stimmigen Werbekonzept sowie dem einheitlichen professionellen Design wurden über 25 000 Euro durch Sponsoring-Maßnahmen erwirtschaftet.

Bild 36: ***Die Freiwillige Feuerwehr Köppern hat ein eigenes Design zum 100-jährigen Bestehen entwickelt. (Quelle: Veritas Medien GmbH)***

Ein einheitliches Bild vermittelt der Bevölkerung Stabilität, Sicherheit und Professionalität. Wir werden täglich mit Corporate Designs von Unternehmen und Einrichtungen konfrontiert. Der Bereich der Gefahrenabwehrbehörden tut sich mit der Gestaltung eines eigenen einheitlichen Gesamtbildes sehr schwer. Oftmals ist der Wunsch nach Einheitlichkeit da, nur mangelt es an Geld, Zeit oder Ideen.

Für eine modern aufgestellte Feuerwehr sollte es das Ziel sein, den Auftritt nach außen und die einheitliche Ausstattung nach innen zu stärken. Die Vereinheitlichung von Briefen, Aushängen oder der Dienstkleidung kann zu einer Stärkung der Kameradschaft führen. Egal ob Berufs- oder Freiwillige Feuerwehr.

5.2 Medien für die Öffentlichkeitsarbeit

5.2.1 Anzeigen

Durch Anzeigen können Feuerwehren in lokalen Zeitungen oder auch im Internet auf sich, ihre Veranstaltung oder ihre Kampagne aufmerksam machen. Bei der Gestaltung der Anzeige sollte großer Wert auf folgende Punkte gelegt werden:

- Großes ansprechendes Bild
- Text: So viel wie nötig, so wenig wie möglich.
- Kontaktmöglichkeit: Bestenfalls nur eine. Nicht überladen.
- Logo, sofern vorhanden

Die Aufmerksamkeitsspanne von Menschen ist in den vergangenen Jahren deutlich gesunken. Durch die große Anzahl von Bildern, Videos und Medien ist es sehr wichtig geworden, dass der Konsument schnell sieht, worum es in der Anzeige geht. Gerade wenn eine Anzeige kostenpflichtig ist, sollte nicht nach dem Grundsatz »So viel wie möglich reinbringen« gehandelt werden. Das Augenmerk sollte auf »Weniger ist mehr!« liegen.

Beispiele dafür kann man im Feuerwehr-Magazin oder anderen Feuerwehr-Zeitschriften finden. Die Rückseite des genannten Magazins wird gern von Fahrzeugherstellern gebucht. Zu sehen sind in der Regel ein oder zwei Fahrzeuge, ein bis zwei große Sätze oder Wörter und eine Menge Kleingedrucktes.

Auswahl des Mediums

Vor Anzeigenerstellung und -bestellung sollte überprüft werden, ob die gewünschte Zielgruppe mit dem Magazin/der Zeitung oder aber mit dem Online-Medium überhaupt erreicht werden kann. Bedenkt man, dass inzwischen so gut wie alle Menschen bis 69 Jahre das Internet nutzen, sollte man überprüfen, ob man nicht in jedem Fall eine Online-Anzeige erstellt.

5.2.2 Werbeanzeigen in sozialen Netzwerken

Administratoren einer Facebook-Seite kennen ihn vermutlich: Den »Hervorheben«- oder »Beitrag bewerben«-Button. Finger weg! Das Unternehmen Meta, zu dem unter anderem Facebook und Instagram gehören, versucht konstant neue Werbetreibende zu gewinnen und spart deshalb nicht daran, mit vielen Hinweisen und Aufrufen Einnahmen zu generieren. Natürlich erreicht man mit dieser Art von Werbeanzeige eine größere Anzahl an Personen als ohne Monetarisierung, allerdings sind die Einstellmöglichkeiten im Meta Business Manager vielfältiger und genauer. Anzeigen sollten also immer über den Business Manager angelegt werden, um das Kampagnenziel bestmöglich zu erreichen.

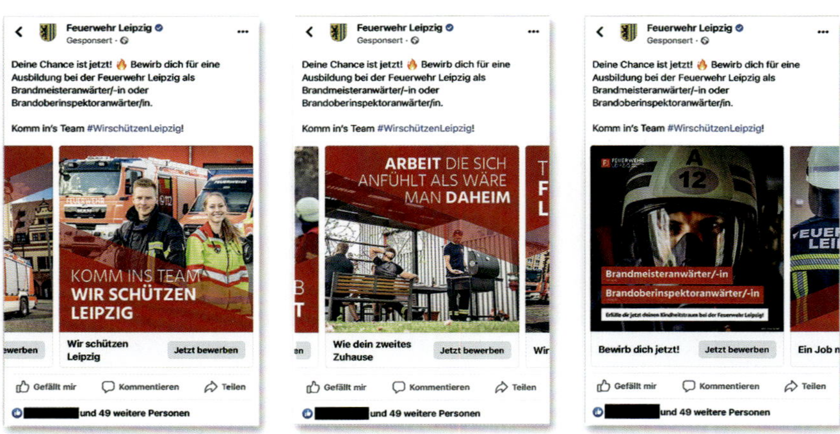

Bild 37: ***Kampagne zur Gewinnung von Mitarbeitern. (Quelle: Screenshot Facebook – Feuerwehr Leipzig)***

5.2.3 Flyer und Broschüren

Flyer und Broschüren sind auch heute noch ein beliebtes Mittel, um auf die eigene Organisation hinzuweisen und zu informieren. Der Unterschied zwischen diesen beiden Medien ist, dass im Flyer nur eine begrenzte Anzahl an Seiten bzw. Informationen Platz findet, eine Broschüre hingegen ist grenzenlos erweiterbar.

Flyer gehören nach wie vor zu den wichtigsten Werbeinstrumenten. Sie sind flexibel, günstig, handlich und vielseitig. Sie sind einfach zu verteilen, egal ob per Post, im persönlichen Gespräch oder in Läden oder Firmenfoyers. Grundsätzlich können Flyer auch recht einfach selbst erstellt werden. Vor der Erstellung des Flyers sollte man sich unbedingt mit der Druckerei – egal ob Online-Druckerei oder Copyshop – damit auseinandersetzen, welche Voraussetzungen zu beachten sind.

Folgende Werte sollten abgesprochen bzw. angefragt werden:

- Papierstärke
- Anzahl
- Format
- Material (glänzend oder matt etc.)
- Anschnitt
- Seitenabstände und -ränder

Mit diesem Wissen kann mit der Erstellung des Flyers begonnen werden. Auch in diesem Fall ist es wichtig, zu wissen, welchen genauen Zweck dieser erfüllen soll. Soll das Feuerwehrfest beworben werden, reicht vermutlich ein zweiseitiger DIN-A5-Flyer mit den wichtigsten Informationen zum Fest und dessen Ablauf. Wenn mit dem Flyer Mitglieder für den Förderverein gewonnen werden sollen, kann man bspw. auf einen DIN Lang (220 × 110 mm) in Wickelfalz zurückgreifen.

Auf sechs oder acht Seiten können die wichtigsten Informationen zum Verein platziert werden. Die erste Seite sollte wieder mit einem prägnanten Bild auf den Zweck des Flyers verweisen. Im Innenteil können beliebig viele Texte oder Bilder eingefügt werden. Die Rückseite könnte der Aufnahmeantrag zum Abtrennen sein. Es sind praktisch keine Grenzen gesetzt.

Broschüren sind im Vergleich zum Flyer hochwertiger hergestellt und in der Regel auch im DIN-A4-Format gedruckt. Bestehend aus beliebig vielen Seiten werden Broschüren an der Längsseite geklebt, gebunden oder geheftet. Die Verteilung dieses Marketing-Instruments erfolgt meist an Interessierte und nicht an jedermann. Die Kosten für Produktion und Design sind deutlich höher und die Auflage ist entsprechend kleiner.

In der eigenen Öffentlichkeitsarbeit sollte unbedingt geprüft werden, ob und welches gedruckte Medium zur Informationsgewinnung verteilt werden soll. Im Zweifel helfen die meisten Landesfeuerwehrverbände mit ihren Fachgremien bei solchen Fragen.

5.2.4 Plakate

Die Champions League in der Out-of-Home-Werbung, also Werbemedien, die im öffentlichen Raum zu sehen sind, sind Plakate. Egal ob DIN A3, Bauzaunbanner oder eine komplette Hausfassade. Sie fallen im Alltag durch kreative Gestaltung und einprägsame Claims auf. Diese Art von Werbung sollte in keiner Kampagne fehlen.

Standardmäßig nutzen Feuerwehren DIN-A3 oder DIN-A2-Plakate, um auf Feste oder Veranstaltungen hinzuweisen. Aber auch Mitgliederwerbung findet man häufig auf Plakaten. Bauzaunbanner hingegen findet man eher selten. Die Preise für Banner, egal in welcher Größe, sind überschaubar gering geworden, sodass der Einsatz von Bannern unbedingt geprüft werden sollte. Ein Bauzaunbanner kostet ca. 50–70 € und kann mehr Aufmerksamkeit auf sich ziehen als ein A3-Plakat beim örtlichen Bäcker.

Bild 38: ***Ein Bauzaunbanner für den DRK-Ortsverein in Mücke (Hessen). (Quelle: Veritas Medien GmbH)***

Beim Einsatz von großen Bannern sollte der Einsatzort bedacht werden. Die Effektivität der Platzierung wird als G-Wert (Gesamtwert) bezeichnet. Er setzt sich durch die Passantenfrequenz pro Stunde und die Anzahl an Personen, die sich an die Werbung erinnern können, zusammen.

Beispiel:

Über die örtliche Hauptverkehrsstraße fahren täglich rund 1 000 Fahrzeuge (im Beispiel mit Personen gleichgesetzt). Die Höchstgeschwindigkeit beträgt 30 km/h. Viele Ampeln und parkende Autos sorgen für einen langsamen Verkehrsfluss.

Auf der angrenzenden Landstraße sind täglich rund 3 000 Fahrzeuge unterwegs. Die Höchstgeschwindigkeit liegt bei 100 km/h.

Die Wahrnehmung von Plakaten und Bannern ist im niedrigeren Geschwindigkeitsbereich deutlich höher als bei hoher Geschwindigkeit. Daher sollte der Einsatzort der Banner in dem Fall eher an der Hauptverkehrsstraße liegen.

5.2.5 Jahresbericht, Jubiläumschroniken

Ein weiteres Mittel für eine gelungene interne und externe Öffentlichkeitsarbeit sind Jahresberichte. In einem schön aufgearbeiteten Jahresbericht haben Feuerwehren die Chance, die eigenen Mitglieder an die Höhepunkte des vergangenen Jahres zu erinnern. In unserer schnelllebigen Welt wird oft viel vergessen, sodass man die Jahresberichte nutzen kann, um an schöne, aufregende, aber auch nachdenkliche Situationen zu erinnern.

Bei der Aufbereitung von Informationen spielt das Design eine wichtige Rolle. Trockene Informationen werden mit einem kreativen und lebendigen Design zu spannenden Inhalten und Hinguckern, die gelesen werden. Texte werden mit Bildern untermalt und gestärkt, Grafiken lockern den Bericht stillvoll auf. Den Lesern wird es dabei helfen, Informationen schneller und einfacher zu verstehen. Unterpunkte, wie die Unterteilung nach Brand-, Hilfeleistungs- und sonstigen Einsätzen, geben schnelle Orientierung, mit welchen Einsatzschwerpunkten die eigene Feuerwehr zu tun hat.

Gegenüber der Presse oder der Politik macht sich ein solcher Jahresbericht besonders gut. Er zeigt transparent die wichtigsten Zahlen, Daten und Fakten für einen ausführlichen Pressebericht und verdeutlicht den politischen Gremien die Leistungsfähigkeit der eigenen Feuerwehr.

Eine Jubiläumschronik gehört fast zu jedem großen Feuerwehrjubiläum, ist allerdings mit einem sehr großen Aufwand verbunden. Es sollte deshalb dringend

Bild 39: ***Der Jahresbericht der Feuerwehr Bochum aus dem Jahre 2021. (Quelle: Heiko Hahnenstein)***

geprüft oder abgestimmt werden, ob eine Festschrift oder Jubiläumschronik wirklich vonnöten ist. Wichtig bei der Erstellung solch einer Chronik ist, dass auch hier wieder mit möglichst vielen, bestenfalls aufgearbeiteten, Bildern von damals und heute gearbeitet wird. Die Chronik kann Teile von Statistiken wie Einsatz-, Mitglieder- und andere wichtige Kennzahlen enthalten. Die optische Aufarbeitung wird die Leser auch hier wieder maßgeblich beeinflussen.

5.2.6 Give-aways

Give-aways sind umgangssprachlich Streuartikel. Wir kennen diese in der Regel von Messen oder von Verkaufsständen. Es handelt sich hierbei meist um Kugelschreiber, Luftballons, Feuerzeuge oder Einkaufchips. Beim näheren Betrachten dieser kleinen – vermeintlich günstigen – Werbeartikel wird man schnell merken: Es gibt abertausende verschiedene Artikel zu verschiedenen Preisen.

Grundsätzlich sollte man sich vor der Beschaffung folgende Fragen stellen:

- Wen will ich damit erreichen?
- Was soll das Werbemittel aussagen?
- Kann man es wiederverwenden oder wird es direkt weggeworfen?
- In welcher Verbindung steht das Werbegeschenk zur Feuerwehr? (Sind z. B. Feuerzeuge als Werbegeschenk wirklich sinnvoll?)

Erst nach ausgiebiger Prüfung dieser Fragen sollte die Anschaffung in Betracht gezogen werden. Am wichtigsten ist die Frage, ob der Artikel wieder- oder weiterverwendet werden kann oder ob dieser direkt in den Müll fliegt. Weniger ist in diesem Fall mehr. Lieber weniger Give-aways anschaffen, dafür aber hochwertige Werbeartikel.

5.2.7 Imagefilme

Ein Imagefilm dient dazu, das Image, also das Erscheinungsbild, der eigenen Organisation bildlich darzustellen. In der Regel ist ein Imagefilm ein kurzer und prägnanter Film, der die Stärken der Feuerwehr zeigen und den Zuschauer davon begeistern soll.

Menschen nehmen visuelle Informationen etwa 60 000-mal schneller auf als reinen Text. Es wurde beobachtet, dass Menschen, die Informationen lesen, nach einigen Tagen nur noch etwa zehn Prozent des Inhalts behalten. Im Vergleich dazu erinnern sich Personen, die dieselben Informationen in bildlicher Form präsentiert bekommen, an ungefähr 65 Prozent des Inhalts.

Ein großes Augenmerk sollte durch die Verantwortlichen auf die Qualität und die Message des Films gelegt werden. Filme à la »Es alarmiert – irgendwer rennt zur Feuerwehr – Kameraden ziehen sich um – das Feuerwehrauto fährt raus – alle werden gerettet – alle sind glücklich und Helden« gibt es bei YouTube Tausende.

Auch wenn der plakativ dargestellte Ablauf ein wichtiger und eingespielter Bestandteil einer Feuerwehr beziehungsweise eines Einsatzes ist, so hat die Feuerwehr viel mehr Facetten, die es zu transportieren gilt.

Es sollte weiterhin geprüft werden, ob man diesen sehr aufwendigen Teil der Öffentlichkeitsarbeit selbst durchführt oder durch ein (semi)-professionelles Filmteam aufnehmen und schneiden lässt. Der Arbeitsaufwand hinter einem solchen Film kann mehrere Tage dauern, auch wenn der Film nur fünf Minuten lang sein soll.

5

Bild 40: ***Imagevideo der Freiwilligen Feuerwehr Mücke (Hessen). (Quelle: Feuerwehr Mücke – YouTube-Kanal)***

Folgende Fragen sollte man sich im Vorfeld stellen:

- Was wollen wir mit dem Film erreichen?
- Wer wird den Film sehen?
- Wo wird der Film veröffentlicht?
- Was weiß die Zielgruppe bereits über uns?
- Soll der Film seriös oder humorvoll sein?
- Welche Botschaften möchte ich senden?
- Wer soll in den Hauptrollen stehen? (Wichtig: Es sollten Kameradinnen oder Kameraden sein, die Lust darauf haben. Desinteresse oder Unwohlsein merkt der Zuschauer.)
- Soll es einen Off-Sprecher geben oder sollen die Stimmen zu hören sein?
- Soll Musik in den Hintergrund? (Wichtig: Lizenzen einholen.)
- Wie viel Budget haben wir?

Ein Imagefilm ist für Feuerwehren ein großartiges Instrument, um auf sich aufmerksam zu machen. Der Aufwand hinter einer Filmproduktion ist enorm und kann kostspielig sein. Im Internet gibt es eine große Anzahl an guten Filmen. Die Verantwortlichen sollten sich im Vorfeld Inspirationen für die eigene Produktion einholen.

6 Die digitale Welt – Webseite und Social Media

Das Internet ist aus unserem Leben nicht mehr wegzudenken. Jeder surft, chattet oder streamt. 1969 wurde in den USA zum ersten Mal eine Nachricht zwischen zwei Großrechnern übertragen. Heute ist mehr als die Hälfte der Weltbevölkerung online. Tendenz steigend. In einer Internet-Minute werden mittlerweile rund 3,4 Millionen GB Daten übertragen, 2,4 Millionen Instagram-Likes vergeben, 38 Millionen Nachrichten über WhatsApp verschickt und 195 Millionen E-Mails versendet.

Auch im Feuerwehrwesen findet das Internet an immer mehr Stellen Einhalt. Egal ob digitale Alarmierung, Einsatzpläne per Tablet oder die Kommunikation per WhatsApp, E-Mail oder App.

Auch aus der Öffentlichkeitsarbeit von Feuerwehren und Hilfsorganisationen ist das Internet nicht mehr wegzudenken. Die meisten Feuerwehren in Deutschland haben eine Webseite und/oder einen Social-Media-Auftritt, in dem sie Informationen rund um ihre Tätigkeiten preisgeben. Und das ist gut so!

Faktencheck[1]:

- 95 % der deutschsprachigen Bürger nutzen das Internet.
- Vier von fünf Menschen nutzen das Internet täglich.
- 79 % nutzen das Internet auch unterwegs.
- Facebook ist mit 35 % täglicher Nutzung auf Platz 1.
- Instagram ist mit 31 % täglicher Nutzung auf Platz 2.

Feuerwehren sollten also einen großen Fokus auf Öffentlichkeitsarbeit auf Webseiten und in den sozialen Netzwerken legen. Öffentlichkeitsarbeit muss da gemacht werden, wo die Bürger unterwegs sind. Ohne Angst. Ohne Vorbehalte. Dafür mit Respekt und Begeisterung.

1 Quelle: ARD/ZDF Onlinestudie 2022, Altersgruppe zwischen 14 und 69 Jahren

Bis 69 Jahre nutzen so gut wie alle das Internet. Ab 70 Jahre sind es 80% – in dieser Altersgruppe nutzen 20% das Internet nicht.

Internetnutzung, Angaben in Prozent

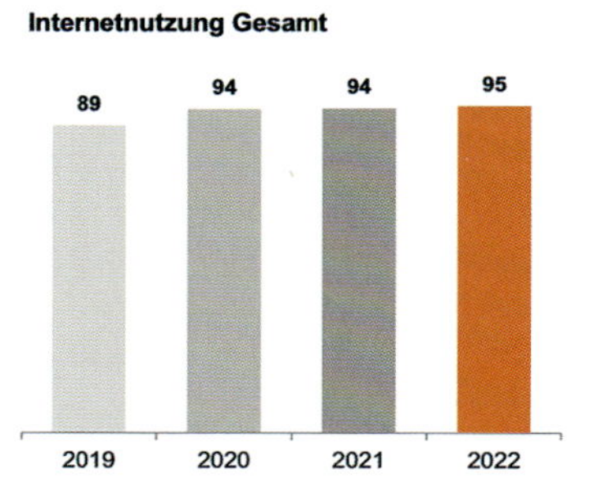

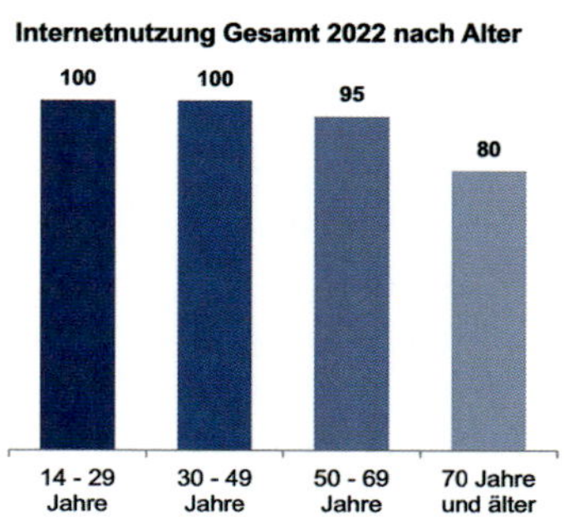

ARD ZDF | ONLINESTUDIE 2022

Grundgesamtheit: Deutschsprachige Wohnbevölkerung ab 14 Jahren, 70,54 Mio., n=2.007

6

Bild 41: ***Das Internet ist in vielen Generationen angekommen. 20 % der Menschen über 70 Jahre nutzen es jedoch nicht. Quelle: ARD/ZDF)***

6.1 Die Webseite – die digitale Basis

Im Zeitalter von Social Media stellt sich häufig die Frage, ob man noch eine eigene Webseite betreiben soll. Die Antwort auf diese Frage lautet ganz klar: Ja! Die eigene Feuerwehr-Webseite sollte immer die Hauptinformationsquelle für Bevölkerung, Mitglieder und Fans sein.

Webseiten sind in ihrer Kontinuität und ihrer Wahrnehmung nicht zu unterschätzen. Im Folgenden wird der Nutzen einer Webseite mit Social Media verglichen:

Tabelle 4:

Webseite	Social Media
Hoheit über Inhalte	Eingeschränkte Hoheit über Inhalte
Stabiler Seitenalgorithmus	Oft wechselnder Algorithmus
Internetseiten sind langlebig	Schnelllebige Medien
Reichweite: Potenziell alle Internetnutzer	Reichweite: User pro Plattform
Eigentümer der Webseite	Nutzer einer Plattform

Merke: Unterschied Webseite und Homepage

Die Homepage bezeichnet immer die Startseite einer Internetpräsenz. Der Begriff Webseite (oder Website) bezieht sich auf den gesamten Auftritt inklusive aller Unterseiten und Pflichtangaben.

6.1.1 Domain

Die Domain ist die persönliche Adresse des eigenen Webauftritts. Sie ist einmalig auf der Welt. Bei der Auswahl der »Internetadresse« gibt es ein paar Punkte, auf die man unbedingt achten sollte:

- Sie sollte kurz und aussagekräftig sein.
- Keine Umlaute verwenden.
- Sie sollte nicht verwechselt werden können.
- Immer die landesspezifische Endung nutzen. (in Deutschland ».de«)

Auf lange Adressen wie www.freiwillige-feuerwehr-musterstadt-ortsteil.de sollte verzichtet werden. Bestenfalls wird in diesem Fall www.feuerwehr-ortsteil.de genutzt. Um herauszufinden, ob eine Domain noch frei ist, gibt es im Internet Portale wie www.checkdomain.de.

Auf Plattformen wie IONOS, All-Inkl, Strato etc. kann man die gewünschte freie Domain suchen und für die Organisation sichern. In diesem Zusammenhang sollte geprüft werden, wie viel Speicherplatz und wie viele E-Mail-Adressen benötigt werden. Nach diesen Werten errechnet sich der Preis für das Paket.

6.1.2 Impressum

Das Impressum ist auf den meisten Webseiten Pflicht. Ausgenommen sind hier rein private Webseiten, welche ausschließlich persönlichen oder familiären Zwecken dienen. Gesetzlich ist dies im Telemediengesetz (TMG) geregelt. Der § 5 weist auf die Pflichtangaben einer geschäftsmäßigen Internetpräsenz hin. Der Hintergrund der Impressumspflicht ist, dass die Nutzer wissen sollen, mit wem sie es zu tun haben. Ein fehlendes Impressum zeigt Unprofessionalität und zeugt nicht von Seriosität.

Es muss eine einfache Erreichbarkeit des Impressums gewährleistet sein. Bestenfalls wird auf der Webseite – meistens in der Fußzeile (der Footer) – ein eigener Menü- bzw. Unterpunkt erstellt.

Als Feuerwehr sollte unbedingt abgeklärt werden, wer die eigene Webseite betreibt. Bestenfalls sollte der Datenschutzbeauftragte oder die Pressestelle der Stadt oder Gemeinde kontaktiert werden, um den Sachverhalt zu klären. Es sollte auch bedacht werden, ob nicht der eigene Feuerwehrverein die Seite übernimmt. Falls der Feuerwehrverein die Seite führt, muss im Impressum auch das Vereinsregister aufgeführt werden. Folgende Angaben muss jedes Impressum enthalten:

- Name (Förderverein der Freiwilligen Feuerwehr Musterstadt)
- Anschrift (Musterstraße 11, 12345 Musterstadt)
- Rechtsform (e. V.)
- Kontaktdaten (E-Mail, Telefon)
- Ansprechpartner (Herr Mustermeier, Vereinsvorsitzender)

Keine Angst! Im Internet findet man schnell und einfach verschiedene kostengünstige Impressums-Generatoren, die ein abmahnsicheres Impressum für die eigene Webseite erstellen.

6.1.3 Datenschutzerklärung

Nicht erst seit der Einführung der EU-Datenschutzgrundverordnung (EU-DSGVO) ist Datenschutz auf Webseiten ein großes Thema. Bereits vor 2016 gab es eine Datenschutzrichtlinie. Diese wurde aber von den meisten Webseiten-Betreibern nur sehr stiefmütterlich beachtet.

Hintergrund dieser Verordnung ist, dass die Besucher und Nutzer der Webseite ein Recht darauf haben, zu wissen, ob und welche personenbezogenen Daten erhoben werden. Das TMG und das Bundesdatenschutzgesetz (BDSG) verpflichten jeden Seitenbetreiber dazu, dem Nutzer (auch Privatpersonen) Informationen zum Datenschutz zur Verfügung zu stellen. Die Angaben sind je nach Aufbau und Inhalt der gesamten Webseite vielseitig. Schon wenn ein Plugin auf Google, Facebook oder Instagram führt, werden viele personenbezogene Daten des Nutzers erhoben.

Bei der Erstellung einer Datenschutzerklärung sollte auf jeden Fall ein Datenschutz-Generator oder gar juristische Hilfe in Anspruch genommen werden. In der Regel reicht ein Generator aus.

6.1.4 Responsive Design

Webseiten brauchen unbedingt ein responsives Design. Also ein sich anpassendes Erscheinungsbild. 60–70 % aller Zugriffe auf Webseiten erfolgen mittlerweile über mobile Endgeräte wie Smartphones oder Tablets. Responsive Design passt sich der Größe des Endgerätes an. Ist das Design nicht anpassungsfähig, springen viele Nutzer ab und kehren nicht mehr zurück.

Bild 42: ***Die Deutsche Feuerwehr Gewerkschaft hat die Webseite für Bildschirme, Tablets und Smartphones optimiert. (Quelle: Veritas Medien GmbH)***

6.1.5 SSL-Verschlüsselung

Ebenfalls seit Veröffentlichung der EU-DSGVO sollten Webseiten SSL-verschlüsselt sein. Mit dem SSL-Zertifikat wird eine sichere Kommunikation zwischen Webseiten-Besucher und Webseite gewährleistet. Die Verschlüsselung zerlegt eingegebene Daten in kleine Päckchen und überträgt diese an den Server. Erst dort werden die Päckchen wieder in ihre Ursprungsform zurückversetzt. Ob eine Webseite SSL-verschlüsselt ist, erkennt man an dem kleinen Schloss oder dem »S« am https in der Adresszeile.

Das benötigte SSL-Zertifikat kann man in der Regel über das Webhosting-Paket dazubuchen und installieren.

6.2 Facebook, Instagram, Twitter/X und Co. – Keine Angst vor den sozialen Medien

6.2.1 Grundlagen Social Media

Social Media (auch soziale Medien genannt) sind digitale Medien, die es der Bevölkerung ermöglichen, sich im Internet zu vernetzen bzw. sich auszutauschen. Die Verbreitung von Wissen, Informationen und Meinungen soll dabei unterstützen, den Benutzer von einem Konsumenten zu einem Produzenten zu entwickeln.

Eine Entstehung von Plattformen, die Social Media ähnelten, war bereits Mitte der 1990er-Jahre zu beobachten. Foren ermöglichten erstmals eine interaktive Kommunikation im Internet. Ungefähr zur gleichen Zeit entwickelten sich erste Internetblogs. Es waren die ersten Plattformen, die auch Nutzer ohne Interneterfahrung ausbauen und gestalten konnten.

Der technische Fortschritt spielte bei der Entwicklung von Social Media eine bedeutende Rolle. Über die Einführung von verschiedenen Programmiersprachen wurde das Internet formbar und flexibler. SixDegrees.com hieß die 1997 gegründete Online-Community, welche laut Untersuchungen der Amerikaner Danah Boyd und Nicole Ellison als erstes soziales Netzwerk gilt. Es vereinte die heute beliebten Funktionen von Freundeslisten, Profilen und News-Feeds.

Erwähnenswert ist der Unterschied zwischen sozialen Netzwerken und den traditionellen Massenmedien in ihrer Funktion und Wirkungsweise. Eine der größten Vorteile der sozialen Medien gegenüber den Massenmedien wie Zeitungen, Radio, Film und Fernsehen ist vermutlich die Einfachheit. In den sozialen Netzwerken gibt es relativ gesehen geringe Eintrittsbarrieren – egal ob für Nutzer oder Produzenten. Oft reicht ein Smartphone mit Internetzugang. Zeitlich und personell aufwendig ist die Veröffentlichung in den klassischen Medien. Zudem ist sie noch deutlich teurer.

Großer Vorteil der sozialen Netzwerke sind die Reichweite, die Multimedialität und die Aktualität. So ist eine Radio-Durchsage als One-Way-Kommunikation zu betrachten. Der Hörer hat kaum eine Chance, auf das Gehörte zu antworten. Bei einem Facebook-Beitrag kann der User hingegen interagieren. Klassisch arbeiten die sozialen Netzwerke mit Bildern, Texten und Videos.

Die größten und bekanntesten sozialen Netzwerke in Deutschland sind Facebook, Instagram, Twitter/X, YouTube und Pinterest. Eine Übersicht über die wichtigsten sozialen Netzwerke für Feuerwehren:

Hinweis:

Die Nutzungszahlen der Social-Media-Plattformen weichen im Internet teilweise voneinander ab. Die aktuellen Kennzahlen werden durch die Unternehmen zu verschiedenen Zeiten veröffentlicht.

6.2.2 Facebook

Bild 43: ***Icon Facebook. (Quelle: Facebook)***

Das größte soziale Netzwerk der Welt hat monatlich 2,91 Milliarden aktive Nutzer. In Deutschland sind es ca. 47 Millionen. Außerdem ist Facebook nach Google und YouTube die am dritthäufigsten besuchte Website der Welt.

Um über die eigene Feuerwehr zu informieren, ist es daher unerlässlich, eine Unternehmensseite auf Facebook einzurichten und sich den über 200 Millionen Firmen anzuschließen, die bereits die kostenlose Informationsplattform Facebook nutzen. Eine Unternehmensseite hilft, die eigene Feuerwehr darzustellen, Mitglieder zu gewinnen und mit der Bevölkerung in Kontakt zu treten.

Mit den Seiten-Insights stellt Facebook zudem ein wertvolles Analysetool zur Verfügung.

Unterschied Persönliche Seite und Unternehmensseite:

Bei der Erstellung einer Facebook-Seite für die eigene Feuerwehr ist es unabdingbar, dass man eine Facebook-Unternehmensseite anlegt. Diese Seiten lassen sich nur erstellen, wenn man ein eigenes Personenprofil hat. Das Personenprofil bleibt hier allerdings im Hintergrund und ist auf der Feuerwehr-Seite nicht sichtbar. Erkennen kann man den Unterschied daran, dass eine Unternehmensseite niemanden als Freund hinzufügen kann.

6.2.3 Instagram

Bild 44: ***Icon Instagram. (Quelle: Instagram)***

Das zweitbeliebteste Netzwerk ist Instagram. Ende 2022 zählte das bild- und videobasierte Netzwerk laut der Statistik-Plattform Statista rund 1,48 Milliarden Nutzer weltweit (Deutschland ca. 30 Millionen). Was mit dem einfachen Teilen von Fotos begann, ist heute viel mehr. Es bietet Menschen die Möglichkeit, sich zu vernetzen, Einblicke in unser Leben zu geben und uns mit der ganzen Welt zu verbinden. Zwar liegt der Fokus nach wie vor auf dem Teilen von Videos und Fotos, doch als größte kostenlose Werbefläche bietet Instagram seinen Nutzern heute vor allem eines: Reichweite. Und das ist für viele mehr, als nur gesehen zu werden. Denn mit dem rasanten Erfolg von Instagram hat sich ein neues Berufsbild in unserer Gesellschaft etabliert: Influencer. Produkte oder Lifestyles bewerben und dabei immer präsent sein, das ist Influencer-Marketing. Und genau davon profitiert auch die Blaulichtbranche.

Durch tiefe Einblicke rund um das Thema Blaulicht bekommen Branchenfremde einen neuen Blick auf den Arbeitsalltag. Seien es lustige Reels, die jedem ein Lächeln ins Gesicht zaubern, oder ernste Themen, die sonst keiner anspricht und sieht. Instagram bietet der Branche eine Reichweite, die man nur zu nutzen wissen muss.

6.2.4 Twitter oder »X«

Bild 45.1: ***Icon X. (Quelle: X)***

Bild 45.2: *Icon Twitter (Quelle X ehem. Twitter)*

Twitter hat den Vogel abgeschossen. Der kleine blaue Vogel war in der Social-Media-Blase eine große nicht wegzudenkende Marke. Nun, seit Mitte Juli 2023, ist aus dem kleinen Vogel ein weißes X auf schwarzen Hintergund geworden. Nach der Übernahme von Twitter durch Elon Musk Ende 2022 ist die Twitter-Welt aus dem Gleichgewicht geraten. Viele Unternehmen oder bekannte Persönlichkeiten kehren dem Netzwerk den Rücken. Welche Auswirkungen dies auf die BOS-Einheiten hat und welches soziale Netzwerk für die Krisenkommunikation infrage kommt, ist derzeit noch nicht absehbar. Die Feuerwehr Hamburg hat im Rahmen einer Bombenentschärfung am 05.07.2023 die ersten Auswirkungen von Eingrenzungen durch Twitter/X gemacht. Bei der Überwachung der sozialen Netzwerke kam die Feuerwehr Hamburg wohl an die Marke von 6 000 gelesenen Tweets und konnte keine weiteren Beiträge lesen.

»Die neuen Regeln sollten zu einem Umdenken bei allen staatlichen Organen mit Sicherheitsaufgaben führen, das gilt nicht nur für die Feuerwehr, sondern auch für Polizei und Katastrophenschutz«, sagte Feuerwehrsprecher Jan Ole Unger nach dem Vorfall dem »Hamburger Abendblatt«.

Laut Statista nutzten Anfang 2022 etwa 7,75 Millionen Menschen in Deutschland Twitter/X. Behörden und Organisationen mit Sicherheitsaufgaben nutzen das Medium für Echtzeit-Kommunikation. Der größte Unterschied zu Facebook oder Instagram ist die Zielgruppe. Auf Twitter/X gibt es einen hohen fachlichen oder politischen Austausch, während es bei den Meta-Netzwerken mehr um private Einblicke und Diskussionen geht. Zudem hat Twitter/X die Nachrichtenlänge auf 280 Zeichen begrenzt.

6.2.5 TikTok

Bild 46: ***Icon TikTok. (Quelle: TikTok)***

TikTok hat weltweit mehr als eine Milliarde aktive Nutzer pro Monat. Diese posten und konsumieren hauptsächlich selbstgedrehte Kurzvideos, die mit Musik unterlegt sind. Ähnlich wie Snapchat wird die Plattform vor allem von Jugendlichen und jungen Erwachsenen genutzt. Für Unternehmen mit einer jungen Zielgruppe ist das Netzwerk daher besonders relevant.

Unternehmen können hier mit kreativen und ungewöhnlichen Spots punkten und Markenbekanntheit schaffen, ebenso können Feuerwehren auf sich aufmerksam machen. Eine Möglichkeit ist, auf virale Trends aufzuspringen und die Inhalte entsprechend anzupassen. Auch können Challenges veranstaltet werden, um Reichweite zu generieren und die Community zum Mitmachen zu animieren.

Die Nutzung von TikTok für Feuerwehren ist für den Bereich der Jugendfeuerwehren denkbar und sehr nützlich. Im Fokus bei der Auswahl dieses Netzwerkes sollte die Zeit zum Erstellen von Videos liegen. Es kann durchaus mehrere Stunden dauern, bis ein Video fertig geschnitten und bearbeitet ist.

6.3 Social Media – Im Dialog mit den Bürgern

6.3.1 Beiträge

»Man muss ins kalte Wasser springen!« Was bei der Feuerwehr üblich ist, hat hier leider keinen Platz. Denn Social Media muss man können. Und vor allem: verstehen. Egal ob Freiwillige Feuerwehr, Pressestelle oder Privatperson, wer hier auf Erfolg hofft und Reichweite aufbauen will, muss die sozialen Netzwerke durchschaut haben. Ob es die passenden Hashtags sind, die gerade im Trend liegen, die Uhrzeiten, zu denen die eigenen Follower am aktivsten durch die App scrollen, Fotos und Videos, die von Professionalität zeugen, oder die sich ständig ändernden Algorithmen – längst geht es um mehr. Und natürlich geht es auch in der Feuerwehr-Branche um viel mehr. Was darf ich zeigen? Wie sichere ich mich rechtlich ab? Worauf muss ich achten? Wie bleibe ich professionell? In vielen Punkten unterscheiden sich Feuerwehrleute deutlich vom üblichen Social-Media-Nutzer, denn so wichtig die Einblicke und Informationen auch sein mögen, sie sind und bleiben hochsensibel und stehen unter einer ganz anderen gesellschaftlichen Beobachtung als die Inhalte eines Beauty-Bloggers.

Wer aber von Anfang an den roten Faden behält, professionell mit seinen Inhalten umgeht und die wichtigsten Regeln beachtet, wird hier relativ schnell auf Erfolge stoßen.

Vor allem muss man sich bewusst machen, was schon immer gepredigt wurde: Das Internet vergisst nie. Man muss sich im Klaren darüber sein, dass das Veröffentlichen in sozialen Netzwerken gut überlegt sein will, denn wenn man einmal etwas hochgeladen hat, kann man es nicht mehr rückgängig machen. Man kann es löschen, aber ob es dann wirklich weg ist, ist umstritten.

Bild 47: ***Der Kreisfeuerwehrverband berichtet von der Delegiertentagung der hessischen Feuerwehren mit Verlinkung, Überschrift, zwei Bildern und Absätzen.***

Eine wichtige Voraussetzung für den Erfolg ist, dass regelmäßig qualitativ hochwertige und professionelle Fotos und Videos produziert werden. Die Nutzer brauchen und wollen übersichtliche und gut aufbereitete Inhalte, die auf den ersten Blick erkennen lassen, dass hier Profis am Werk sind. Und dafür braucht man heute nicht einmal mehr unbedingt eine teure Kamera. Mit den richtigen Einstellungen am Smartphone gelingt das Fotografieren und Filmen auch mit dem eigenen Handy. Dazu kommt natürlich noch die Nachbearbeitung des entstandenen Materials.

- Was will ich mit meinem Post vermitteln?
- Hat mein Material das richtige Format?
- Ist mein Beitrag genehmigt oder abgesprochen?
- Ist etwas zu sehen, das kaschiert oder rausgeschnitten werden muss?
- Sieht oder erkennt man fremde Personen?
- Sind sensible Daten sichtbar oder lesbar?
- Hört man, zum Beispiel, Gesprochenes am Funk?
- Was darf ich rechtlich alles zeigen?
- Ist meine Message klar und deutlich zu erkennen?
- Schadet mein Post vielleicht jemandem?

Sind diese Punkte berücksichtigt, folgt das Einfügen der Legende. Hier kommt es darauf an, welche Botschaft vermittelt werden soll. Möchte man Menschen auf einer emotionalen Ebene ansprechen, sollte man einen entsprechenden Text verfassen, in dem sich der Nutzer in Ruhe mit dem Thema auseinandersetzen kann. Will man wichtige Informationen vermitteln, sollte man diese mit auffälligen, aber klaren und gut lesbaren Emojis kennzeichnen und dem Leser die Situation kurz und prägnant vermitteln. Hier gilt: Je wichtiger, desto schneller muss der Nutzer verstehen, worum es geht. Und das geht am besten nach dem Motto: kurz und knackig. Wichtig ist auch hier, eine einheitliche Linie im Schreibstil beizubehalten. Das vermittelt Professionalität und erhöht den Wiedererkennungswert.

Passende Hashtags oder, wie einige es noch kennen, die Raute, sollten natürlich in einem guten Post auch nicht fehlen. Eine Ausnahme bildet hier Facebook. Die Hashtag-Funktion wird hier meist nur genutzt, um Wörter farblich und fett hervorzuheben. Was früher als Nummern-Zeichen oder Raute-Taste bekannt war, gilt heute als Markierungssymbol in den sozialen Medien. Es fasst Beiträge zu einem bestimmten Thema zusammen und lässt so auch Nicht-Follower den geposteten Beitrag einfacher finden. Hierfür setzt man unter seinem Beitrag Hashtags passend zur gewünschten Zielgruppe und zum gewünschten Thema.

Praxis-Tipp: Einen eigenen # erstellen.

So findet man die eigenen Beiträge einfacher und schneller gebündelt und setzt gleichzeitig ein cooles Statement.
Weiterhin sollte und kann man auch themenspezifische Hashtags bei jedem Post verwenden. Zum Beispiel: #feuerwehr #freiwilligefeuerwehr #feuerwehrmann #feuerwehrfrau #blaulicht

Hat man seinen fertig bearbeiteten Beitrag, muss dieser noch richtig gepostet werden.

Ein großer Vorteil sind die Seiten-Insights. Diese geben einen Einblick in die seiteneigenen Statistiken. Neben der Anzahl der erreichten Accounts, Interaktionen auf dem eigenen Profil oder Detailinformationen zu einzelnen Beiträgen findet man hier auch ein Diagramm mit den aktivsten Zeiten der eigenen Follower. Daran sollte man sich orientieren und seine Beiträge zur Hauptzeit des eigenen Profils veröffentlichen. Gleichzeitig setzt man noch einen Hinweis auf den neuen Beitrag in die Story und die Aufrufe sind einem sicher.

6.3.2 Stories – Unser virtuelles Tagebuch

24 Stunden sichtbar und nicht mehr wegzudenken – Stories. Momente und Erlebnisse einfach und schnell teilen. Das geht am besten in einer Story. Aber auch für Ankündigungen oder Einblicke in den Alltag ist eine Story genau das Richtige. Man findet sie immer oben im Feed gepinnt, gekennzeichnet als Kreise mit dem jeweiligen Namen und dem Profilbild. So kommt man beim Öffnen der App nicht an ihnen vorbei.

Hier bieten die Netzwerke Möglichkeiten, sich kreativ auszutoben. Denn man kann nicht nur Fotos und Videos einstellen, sondern diese mit Text, Musik, Stickern oder

Bild 48: ***Der Kreisfeuerwehrverband nimmt seine Follower regelmäßig zu Übungen, Lehrgängen und Einsätzen mit. Weiterhin teilt er auch Informationen anderer Institutionen.***

den beliebten GIFs zum Leben erwecken. Hier ist es ebenfalls von Vorteil, dem roten Faden zu folgen. Wiedererkennung ist auch bei Stories die halbe Miete. Sei es durch die Schriftart, einheitliche Filter oder die Qualität des Materials.

Stories eignen sich auch hervorragend für Werbung. Durch das einfache Einfügen eines Link-Buttons können User und Follower ganz einfach auf gewünschte Seiten weitergeleitet werden. Ob Presseartikel, Internetseiten oder andere Accounts, durch die vielen Möglichkeiten der Verlinkung kann man schnell und gezielt auf gewünschte Stellen zugreifen.

6.3.3 Reels – Kreativität kennt keine Grenzen

Eine der größten Stärken der sozialen Netzwerke (mit Ausnahme von Twitter/X) sind heute die sogenannten Reels. Kurze Videos von bis zu 90 Sekunden, bei denen der eigenen Kreativität keine Grenzen gesetzt sind. Mit zahlreichen Effekten, vielen Bearbeitungsmöglichkeiten und einer großen Auswahl an angesagter Musik und Sounds bieten Reels die Möglichkeit, sich im Videobereich auszutoben.

Ein großer Unterschied zum Posten normaler Beiträge ist die enorme Reichweite, die ein Reel mit sich bringt. Denn durch ihr prominentes Erscheinen im Explore Feed können sie sich besser und schneller viral verbreiten. Ein weiterer Vorteil ist ihr eigener Bereich auf dem Homescreen von Instagram. Hier sind sie jederzeit für alle Nutzer sichtbar.

Das Erstellen von Reels ist keine Hexerei. Aber man sollte schon eine gewisse Vorstellung vom Endprodukt haben, um gezielt zu filmen und sich den Schnitt zu erleichtern.

- Habe ich eine Video-Vorlage?
- Habe ich eine Reihenfolge an produzierten und zu bearbeitenden Videos?
- Habe ich schon passende Musik?

Einfache Bearbeitungsfunktionen wie die Einstellung der Videogeschwindigkeit, Effekte, Filter, Beschriftungen oder Übergänge machen das Erstellen eines Reels zum Kinderspiel. Und keine Angst – man kann in aller Ruhe ausprobieren. Es gibt kein Richtig oder Falsch. Mit der Funktion »Entwurf speichern« kann man seine Werke einfach beiseitelegen und zu einem späteren Zeitpunkt weiter bearbeiten.

Auch hier sind die richtigen Hashtags # und Trend-Audios und -Musik entscheidend für viele Aufrufe.

Bild 49: ***Die Freiwillige Feuerwehr Kelsterbach (Hessen) zeigt auf humoristische Art die verschiedenen Seiten einer Feuerwehr. (Quelle: TikTok Kanal Feuerwehr Kelsterbach)***

Regelmäßige Beiträge sind das A und O für einen aktiven und erfolgreichen Account. Die Follower wollen auf dem Laufenden bleiben und immer gut informiert sein. Außerdem erhält man durch regelmäßige Updates einen gewissen Platz im Feed der eigenen Follower. Denn wer sich nicht zeigt, gerät in Vergessenheit und damit in den Hintergrund des Interesses der Nutzer.

Auch wenn das alles nach einem Rezept klingt, für das man jahrelange Erfahrung braucht: Social Media kann wirklich jeder. Mit etwas Köpfchen, ein wenig Übung und einem klaren Ziel kann man Social Media heute zu einem Werkzeug machen, das hilft, zeitgemäß an die Gesellschaft heranzutreten. Ob zur Mitgliederwerbung, für einen einfachen Blick hinter die Kulissen oder als Instrument zur gezielten Aufklärung und Information der Bevölkerung, Instagram kann so viel mehr als Urlaubsfotos vom Strand. Es gehört zu unserem Alltag wie kein anderes Werkzeug der Neuzeit. Und wer jetzt beginnt, es für sich zu nutzen, ist auf dem richtigen Weg.

6.3.4 Dos and Don'ts

Feuerwehrleute sind es gewohnt, im Rahmen enger Regelungen, wie Dienstvorschriften, Brandschutzgesetzen oder Unfallverhütungsvorschriften, zu arbeiten. Die verschiedenen Regelwerke sind über Jahrzehnte von erfahrenen Fachleuten weiterentwickelt worden. Sie sichern ein erfolgreiches, einheitliches und möglichst sicheres Arbeiten als Feuerwehr.

Für die Nutzung sozialer Medien gibt es allerdings, abgesehen von tangierenden Gesetzen (Datenschutz, Bild- und Urheberrechte), keine spezielle Vorschrift, wie ein erfolgreicher Social-Media-Auftritt einer Feuerwehr funktioniert. Grundlage vor dem Anfang ist ein Konzept, wie man soziale Medien nutzen will, wen oder was man erreichen will, wer die Arbeit macht (es ist immer noch Öffentlichkeits**arbeit**) und welche Freiheiten/Beschränkungen das Social-Media-Team hat. Erst wenn klar ist, wohin die Feuerwehr will, kann man losgehen. Dabei sollte niemand vergessen, dass dies kein privater Account zum Spaß ist, sondern ein wesentlicher Teil der Außendarstellung der Feuerwehr als Institution und Teil der Gemeindeverwaltung.

Folgende Verhaltensregeln sollen eine Orientierungshilfe darstellen, welche Grundsätze die Erfolgswahrscheinlichkeit erhöhen und Risiken reduzieren.

DO

- Profil vollständig ausfüllen
  Ein vollständig ausgefülltes Profil inklusive Impressum zeugt von einer seriösen Seite.
- An der Social-Media-Strategie orientieren
  Immer das Image oder die Grundsätze im Hinterkopf behalten, die festgelegt wurden oder die Feuerwehr vertritt.
- Erst denken, dann posten
  Wenn nicht ohnehin ein Vier-Augen-Prinzip zur Veröffentlichung vereinbart ist, den eigenen Beitrag kurz selbst abchecken: Was könnte falsch ankommen? Was möchte ich erreichen? Wie wirkt es auf »Unwissende«?
- Authentisch bleiben
  Wir müssen zwar sachlich korrekt bleiben, müssen aber auch die menschliche Seite zeigen. Deswegen heißt es ja »soziale« Medien.
- Perspektive wechseln
  Wie auch bei der Pressemitteilung, ist vorher zu überlegen, was für die Zielgruppe überhaupt relevant ist. Dementsprechend sollte auch die Sprache verständlich sein.
- Beiträge kurz halten

Für die komplette Vereinsgeschichte ist die Website super. Auf sozialen Medien müssen wir die relevanten Infos kurz und prägnant einstellen. Kurz und klar ist einfach zu konsumieren.

- Visuell kommunizieren
  Visuelle Reize erhöhen die Aufmerksamkeit. Mit Bildern, Grafiken oder auch Smileys (im Text) können Informationen schneller aufgenommen und der Blick der Nutzer geleitet werden.
- Rechtschreibung beachten
  Rechtschreibprogramme vor der Veröffentlichung zu nutzen, Groß- und Kleinschreibung zu beachten und Absätze zu nutzen, erleichtert die Lesbarkeit deutlich.
- Kreativ sein
  Besondere Aufmerksamkeit erhalten Beiträge/Bilder/Videos, die aus dem Rahmen fallen.
- Mit anderen interagieren und reagieren
  Gemeinsame Beiträge, Verlinkungen und positive Kommentare bei anderen Organisationen helfen beim Aufbau von Reichweite. Auf Kommentare und Nachrichten unbedingt reagieren.
- Eigenarten der Social-Media-Plattform beachten
  Verschiedene Plattformen haben unterschiedliche Zielgruppen, Anforderungen an Medien oder Funktionen. Diese sind, so gut es geht, zu beachten.
- Kontinuität zeigen
  Regelmäßige Beiträge zeigen Aktivität und erhöhen die Reichweite. Trotzdem überlegen, ob ein Beitrag sinnvoll ist. Die meisten Beiträge sollten eigene sein. Maximal 30 % sollten geteilte Beiträge anderer Seiten sein.

DON'T

- Masse statt Klasse
  Die Zielgruppe ist in der Regel die eigene Bevölkerung. Wenn es um Mitgliederwerbung geht, ist die Zielgruppe noch weiter eingeschränkt. Lieber die Zielgruppe so genau wie möglich ansprechen, als »in die Masse schreien«.
- Nur auf der eigenen Seite bleiben
  Neben der Interaktion mit anderen Seiten sind auch lokale oder thematische Gruppen wichtig. Hier ist die Zielgruppe und Beiträge werden anders wahrgenommen.

- Negativ kommunizieren
  Es gibt vieles, was uns ärgert. Trotzdem müssen wir nicht jedem Ärger öffentlich Luft machen. Noch weniger gehört es sich, andere öffentlich anzugreifen.
- Langweilen
  Der Wiedererkennungswert ist, besonders in der visuellen Kommunikation, wichtig. Wenn aber jeden zweiten Tag das gleiche Symbolbild zum irrelevanten Ölspureinsatz ohne weitere Informationen gepostet wird, langweilt das die Bevölkerung.
- Bilder klauen
  Fotos, Videos und Grafiken sind urheberrechtlich geschützt. Vor der Veröffentlichung muss geklärt werden, ob und unter welchen Bedingungen ein fremdes Bild genutzt werden darf. Ansonsten drohen hohe Rechnungen.
- Sich mit anderen messen
  Die Nachbarfeuerwehr hat viel mehr Follower? Die Polizei hat zum gleichen Einsatz mehr Likes als wir? Social Media ist kein Wettkampf. Für die Mitgliedergewinnung oder Bevölkerungswarnung nützen auch drei Millionen Follower nicht viel, wenn darunter keiner aus dem eigenen Ort ist.
- Kurzfristig denken
  Eine Social-Media-Seite zu erstellen, wird meist nicht sofort zu Effekten führen. Kontinuität und Qualität zahlen sich langfristig mehr aus als der einmalige Knaller.

Diese Listen könnten beliebig weitergeführt werden. Die Wertigkeit ist dabei von den örtlichen Gegebenheiten abhängig. Kontinuität kann für den Account einer Feuerwehr mit 15 Stadtteilen und 400 Einsätzen leichter erzeugt werden als für die Seite einer Ortsteilfeuerwehr mit vier Einsätzen. Trotzdem können sich beide authentisch darstellen und sich positiv präsentieren. Je kleiner das Social-Media-Team oder die Feuerwehr, desto wichtiger ist es, in dem Thema zu kooperieren. Eine gut funktionierende Seite ist immer besser als zehn nicht funktionierende.

6.3.5 Umgang mit Kritik

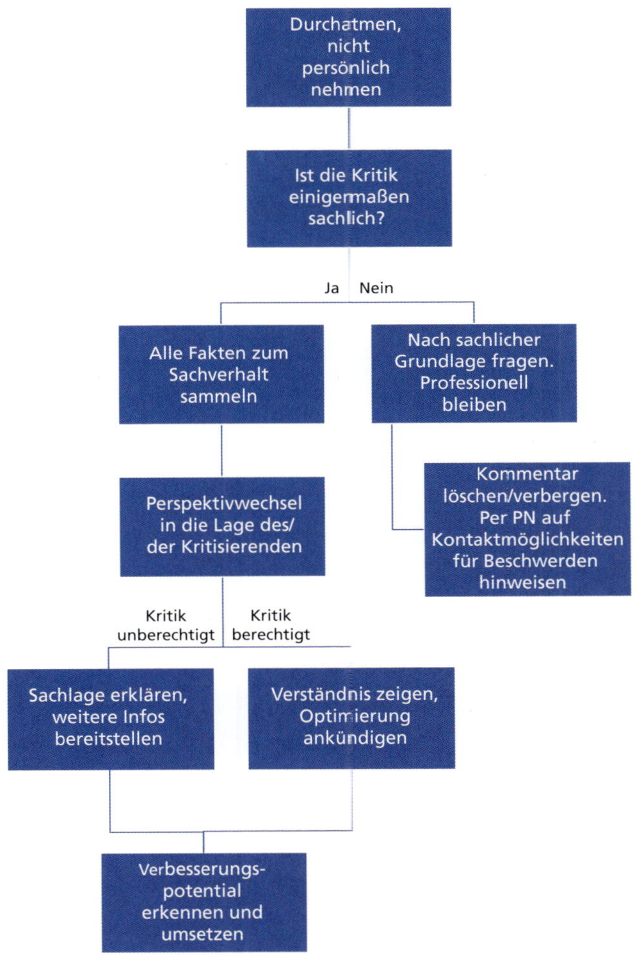

Bild 50: ***Entscheidungsbaum »Kritik«. (Quelle: Ehresmann)***

Kritik ist vielschichtig, auch in ihrer Bedeutung. Umgangssprachlich versteht man unter Kritik die Beanstandung eines Sachverhalts. Kritik kann aber auch eine prüfende Beurteilung anhand fachlicher Maßstäbe sein. Kritik kann persönlich oder öffentlich geäußert werden. Durch die Nutzung von Social Media haben wir die

Möglichkeit, öffentlich geäußerte Kritik wahrzunehmen und darauf zu reagieren. Das war vorher bei Kritik, die am Gartenzaun oder beim Dorffest geäußert wurde, nicht so einfach möglich. Gleichzeitig erhöht die breite Öffentlichkeit den Druck, zu reagieren. Dazu kommt, dass es die Anonymität des Internets einfach macht, unsachliche Kritik (bis hin zu Beleidigungen) in die Welt zu setzen.

Wie auch im Berufs- oder Privatleben fühlt es sich unangenehm an, kritisiert zu werden. Als Feuerwehr sind wir sowohl in der eigenen Wahrnehmung als auch in der breiten Bevölkerung »die Guten«. Wir wissen, dass wir meist ehrenamtlich höchst komplexe und anspruchsvolle Situationen meistern. Wenn wir dennoch kritisiert werden, fühlt es sich im ersten Moment fast immer ungerecht oder gar wie ein Angriff an. In dieser Situation muss man sich seiner Emotionen bewusst werden. Je stärker diese – in diesem Fall – negativen Emotionen sind, umso mehr sollte man über die Reaktion nachdenken. Wir alle wissen, dass schnelle, emotionale Reaktionen meist unverhältnismäßig sind und eine Entschuldigung nach sich ziehen. Diesen »Beißreflex«, indem emotionaler Ausgleich durch einen Gegenangriff oder Drohgebärden geschaffen wird, gilt es als Feuerwehr unbedingt zu vermeiden.

Die Feuerwehr hat die Aufgabe, den Überblick zu behalten und professionell zu bleiben, wenn ein Haus brennt und Menschen zu retten sind. Da sollte sie bei digital verfassten Worten nicht die Nerven verlieren. Dennoch muss sie natürlich mit der Kritik umgehen.

Da Social Media schnelllebig ist, sollte zügig reagiert werden, wenn jemand kritische Äußerungen bemerkt. Auch wenn diese nicht öffentlich, sondern beispielsweise als Nachricht an den Feuerwehr-Account gesendet wurden, ist der Zeitfaktor wichtig. Wenn der Kritisierende sich nicht gehört fühlt, kann er dazu neigen, die Kritik öffentlich zu machen – ergänzt durch den Hinweis, dass »die Feuerwehr gar nicht reagiert hat«. Oder die Kritik ist parallel schon von der Feuerwehr unbemerkt an anderer Stelle geäußert worden.

Nachdem man die Emotionen zu einer Kritik verdaut hat, ist der erste Schritt die Analyse der Kritik. Dies hilft bei der Einordnung und erfordert etwas Recherche:

- Welchen »Ton« hat die Kritik? Spielen eventuell Sarkasmus oder gar Zynismus eine Rolle?
- Wie ist die Wortwahl? Werden Worte bewusst und bedacht gewählt oder wird eher mit Stammtischfloskeln um sich geworfen? Oder geht es um einen direkten Angriff durch Beleidigungen oder deutliche Anschuldigungen? Dann sind meist auch beim Gegenüber starke Emotionen im Spiel.

- Wer hat die Kritik geäußert? Hat sie/er einen Klarnamen? Wie sind die Inhalte des Profils? Seit wann folgt sie/er unserer Seite?
- Um was geht es ihr/ihm eigentlich? Gibt es etwas »zwischen den Zeilen« zu lesen? Was könnte die/der Kritisierende sich durch die Äußerung erhoffen?

Mit dieser, möglichst objektiven, Einschätzung sollte die Leitung der Feuerwehr kontaktiert werden. Die Verantwortlichen müssen bestenfalls über Kritik informiert sein, bevor sie von anderen Stellen (z. B. Lokalpolitikern) angesprochen werden.

Die Einschätzung/Analyse der Kritik kann damit auch geteilt werden und gemeinsam mit der Leitung der Feuerwehr der zweite Schritt angegangen werden. Unabhängig vom Ergebnis der Analyse – die immer auch falsch sein kann – ist im zweiten Schritt der Sachverhalt der Kritik zu klären. Es müssen so viele Fakten wie möglich gesammelt werden. Dabei ist einzuordnen, welche Fakten sicher belegt werden können oder aus Gedächtnisprotokollen bestehen. Man könnte auch sagen: Beweismittel sammeln und sichern.

Wenn alle Fakten wertfrei gesammelt sind, ist die Kritik mit der Leitung der Feuerwehr zu bewerten. Inwiefern ist die Kritik berechtigt? Hätte es Möglichkeiten gegeben, dass die Interessen des Kritisierenden besser berücksichtigt worden wären? Oder – und das wird erfahrungsgemäß meist der Fall sein – ist alles fachlich richtig gelaufen, aber es ist für jemanden ohne Fachwissen nicht erkennbar, wieso auf diese oder jene Art (nicht) gehandelt wurde. Sofern in der Analyse nicht eindeutig geklärt wurde, dass der Kritisierende nur ein »Troll« ist, der Stimmung machen will, ist die Person am anderen Ende immer ernst zu nehmen. Immerhin hat sie ihre Kritik geteilt. Damit besteht die Chance, darauf zu reagieren.

Praxisbeispiel:

»Müsst Ihr denn nachts die ganze Zeit mit eurer Sirene durch die leeren Straßen für einen Fehlalarm blasen? Es gibt Menschen, die müssen morgen arbeiten«, ist in dieser oder ähnlicher Form ein Klassiker der Kritik. Sie kommt meist von Bewohnern der eigenen Gemeinde und letztlich ist es von außen betrachtet durchaus verständlich, dass Menschen ihre Nachtruhe schätzen.

Wir müssen schauen, um welchen Einsatz es sich handelte, ob hier die Nutzung von Wegerechten angezeigt war, um welche Fahrtstrecke es sich handelte und ob es ggf. örtliche Regelungen/Dienstanweisungen o. Ä. zur Nutzung von Sonder- und Wegerechten gibt, die über die Gesetzesgrundlage der StVO hinausgehen.

Klar ist für uns, dass wir bei dringenden Einsätzen überall, wo es auch nur nötig sein könnte, das Signalhorn nutzen, um die Wegerechte nach § 38 StVO in Anspruch

zu nehmen. Das kann emotionslos so kommuniziert werden. Wenn man den Kritisierenden ernst nimmt, kann man für Verständnis werben, dass Einsatzfahrer nicht wissen, ob jemand aus einer Kreuzung herausfahren will und natürlich auch bei der Anfahrt lieber auf Nummer sicher gegangen wird.

Intern kann es aber auch Anlass geben, zu besprechen, ob das Horn wirklich vom Start bis zum Ziel durchlaufen muss. Und auch, ob unsere Argumentation der vorsorglichen Sicherheit haltbar ist, während wir eventuell wissen, dass unsere Einsatzfahrer nicht unbedingt mit Schrittgeschwindigkeit in Ampelkreuzungen einfahren. Beides könnte auch Anlass sein, besser zu werden. Im eigenen und im öffentlichen Interesse. Dies kann kommuniziert werden und zeigt, dass wir Menschen ernst nehmen, uns stetig verbessern und bürgernah sind. Wir stehen schließlich nicht über dem Gesetz und bieten damit wenig Angriffsfläche für weitere Diskussionen. Einer Erklärung mit einem (sanften) Zugeständnis kann in der Regel wenig entgegnet werden.

Sofern die Kritik in irgendeiner Form durch Wechsel der Perspektive nachvollziehbar ist, muss reagiert werden. Je nach fachlicher Beurteilung durch Aufklärung, Gegendarstellung bzw. klaren Widerspruch oder auch die Nachfrage nach weiteren Informationen zum Sachverhalt oder dem Wunsch hinter der Kritik. Alles in einem ruhigen Ton und wertschätzend. »Behandle andere so, wie Du behandelt werden willst«, gilt hier – wie im »echten« Leben.

Möchte jemand nur »Abrotzen« oder »Trollen«, ist eine klare Ansprache mit der Bitte um seriöse und respektvolle Kommunikation angemessen. Ist jemand zunehmend unsachlich und unnachgiebig, sollte die Konversation kommentarlos eingestellt werden. Nach dem Motto »der Klügere gibt nach« ist Stille für einen Troll unangenehmer als endlose Diskussionen in einer Kommentarspalte. Nicht zuletzt darf man nicht vergessen: Die Schnelllebigkeit der sozialen Medien ist hier von Vorteil. Es nehmen vermutlich viel weniger Leute wahr, als man denkt. Und durch den Dauerbeschuss an Inhalten in sozialen Medien ist das Thema vermutlich nach spätestens ein paar Minuten wieder vergessen.

Ist eine mögliche Verbesserung oder gar ein Fehler erkannt worden, ist das unbedingt zu kommunizieren, verbunden mit dem Dank an den Kritisierenden. Intern ist ebenfalls zu kommunizieren, welche Kritik an die Feuerwehr herangetragen wurde, welche Faktenlage festgestellt und ggf. welche Maßnahmen getroffen wurden. Wenn die Feuerwehrleute sich auf dieses Vorgehen verlassen können, ist die Chance gering, dass ein Mitglied selbstständig und emotional oder unsachlich auf die Kritik reagiert. Auch deswegen ist eine schnelle Reaktion wichtig. Ist keine schnelle, umfängliche Reaktion möglich, sollte man das direkt mitteilen: »Wir nehmen den

Hinweis ernst und nehmen ihn zum Anlass, die Sache zu prüfen und zu besprechen. Bitte haben Sie Verständnis, dass wir als ehrenamtliche Kräfte hierfür einen Moment brauchen. Wir melden uns hier schnellstmöglich wieder. Wenn Sie noch weitere Hinweise oder Fragen haben, schicken Sie uns gerne eine persönliche Nachricht.«

Tipp:

Betrachten Sie Ihre Social-Media-Seite wie Ihren Gemeinschaftsraum in der Feuerwehr, in den alle Interessierten eingeladen sind, um dort Infos aus der Feuerwehr zu bekommen oder Feedback zu geben.
Wenn jemand zu Ihnen in die Feuerwehr kommt und sachliche Kritik äußert, werden Sie ihn auch respektvoll behandeln und entsprechend reagieren. Wenn jemand immer nur in Ihr Haus kommt, um dort herumzuschreien und seinen sprachlichen »Haufen« zurückzulassen, dann schmeißen Sie ihn auch raus.

So oder so ähnlich könnte es aussehen. Damit ist der Kritisierende für den Moment insofern beruhigt, dass er gehört wurde, und alle anderen sehen, dass sich von offizieller Seite um das Thema gekümmert wird. Natürlich müssen den Worten Taten folgen.

Lässt sich eine Kritik nicht schnell lösen oder sie hat ein Ausmaß angenommen, dass es zumindest teilweise die öffentliche Diskussion beherrscht, spricht man von einem »Shitstorm«. Das kann auch dadurch erfolgen, dass sich mehrere Personen der Kritik anschließen und damit den Druck auf die Feuerwehr erhöhen.

6.3.6 Krisenkommunikation – Den Shitstorm richtig meistern

Wikipedia beschreibt den Shitstorm als »das lawinenartige Auftreten negativer Kritik bis hin zur Schmähkritik im Rahmen von sozialen Netzwerken, Blogs oder Kommentarfunktionen von Internetseiten«. Im Shitstorm vermischen sich sachliche und unsachliche Kritik schnell. Ausgelöst werden kann er grundsätzlich auf drei verschiedene Arten und Weisen:

1. Selbst ausgelöst durch aufgedeckte bzw. offensichtliche Fehler oder eine falsche Außenkommunikation der Feuerwehr.
Wenn im Einsatz etwas so schiefgeht, dass es (eventuell nur aufgrund der für Außenstehende humoristischen Wirkung) offensichtlich ist, dass die Feuerwehr Fehler gemacht hat und damit eine große offene Flanke bietet. Aber auch ein unüberlegter Social-Media-Beitrag kann Anlass für massenweise Kritik geben. Beispielsweise wenn Beiträge von der breiten Masse als ethisch oder rechtlich unangemessen empfunden werden.

2. Ausgelöst durch eine Reaktion der Feuerwehr auf eine Äußerung/Kritik im Internet.
Geht die Feuerwehr mit Kritik oder einem Witz in ihre Richtung übermäßig emotional oder gar juristisch um, kann es zu einer Solidarisierung mit der Einzelperson kommen. Besonders, da die Feuerwehr als Teil des Staats in einem anderen Verhältnis zur Einzelperson steht, wird man sich im Zweifel eher mit David als mit Goliath solidarisieren.

3. Ausgelöst von anderen Personen, die den Missstand mit der Feuerwehr zusammenbringen.
Der Brandstifter oder alkoholisierte Unfallfahrer war bei der Feuerwehr. Auch wenn es keinen objektiven Zusammenhang zwischen dem Ehrenamt und der Straftat gibt, wird das Schubladendenken befriedigt und allgemeine Klischees befeuert. Auch das Verhalten von Mitgliedern, die in sozialen Netzwerken eindeutig als Feuerwehrleute erkennbar sind, spiegelt zurück auf die Feuerwehr. In dieser Verbindung kann die Feuerwehr selbst plötzlich das Ventil sein, auf das sich die Wut auf jemand anderen entlädt.

Wie im vorherigen Kapitel beschrieben, ist auch im Shitstorm Ruhe zu bewahren und Offenheit zu zeigen. Auf jeden Fall ist hier umgehend die Leitung der Feuerwehr sowie die Gemeindeverwaltung mit der Pressestelle zu informieren und das Vorgehen zu besprechen.

Geht die eigene Kommunikation gänzlich im Shitstorm unter, ist es das Ziel, sich schnellstmöglich aus der öffentlichen Diskussion zurückzuziehen und generell möglichst kein Thema mehr zu sein. Das kann erreicht werden, indem nur noch ein kurzes, generelles Statement zur Sache gegeben wird und für alle weiteren Punkte auf die interne Aufarbeitung verwiesen wird. Eigene Beiträge sollten, genauso wie Ablenkungsmanöver durch das Einbringen völlig anderer Themen, vermieden werden. Nebelkerzen sind fehl am Platz.

Das Statement zur Sache sollte von oberster Stelle, also der Leitung der Feuerwehr oder dem Bürgermeister, kommen, die auch das Gesicht der Krise sind. Es kann auch ausführlich aufzeigen, dass Fehler eingestanden werden, ohne zu beschwichtigen. Nach dem Statement sollte Ruhe einkehren. Man wird in der Regel feststellen, dass der Aufschrei eines Shitstorms schnell verhallt, da kein neues »Futter« für das Thema geliefert wird.

Hat sich die Lage beruhigt, steigt man langsam und in kleinen Schritten wieder in die öffentliche Kommunikation ein, beispielsweise durch kurze, prägnante Einsatzberichte. Direkt mit einer großen Kampagne zu starten, könnte alte Wunden aufreißen, da in der Erinnerung noch der letzte Shitstorm ist. Daher ist die Aufmerksamkeit schrittweise auf das Kerngeschäft der in Kritik geratenen Feuerwehr zu lenken, bei dem es keine Ansatzpunkte für Kritik oder Verbindungen zum Shitstorm geben darf.

Selbstverständlich könnte man auch eine Guerilla-Taktik wählen und sehr direkt im Anschluss an den Shitstorm genau das kritisierte Thema selbstironisch aufgreifen. Das zeigt zwar Offenheit und kann sympathisch wirken, ist jedoch schwer mit dem Image oder Selbstverständnis der Feuerwehrleute als professionelle Lebensretter in Verbindung zu bringen. Auch könnte es als Angriff auf eine kritisierende Person gesehen werden.

Zusammenfassend lässt sich sagen, dass ein Shitstorm die klassische Krisenkommunikation erfordert. Wie auch in der Kritik ist bei der Beurteilung, wie stark diese Krise ist, ein möglichst objektives Bild zu zeichnen. Den Social-Media-Beauftragten der Feuerwehr wird eine kleine Welle an Kritik deutlich schlimmer vorkommen als der Bevölkerung, für die die Beiträge der Feuerwehr nur ein Teil der überfüllten Timeline sind.

7 Aus der Praxis für die Praxis

7.1 Checklisten

Checklisten sind ein nützliches Hilfsmittel, um Abläufe klar zu strukturieren und Fehler zu vermeiden. Piloten verwenden Checklisten vor jedem Flug. Dabei überprüfen sie jeden Schritt und lassen ihn vom Copiloten bestätigen. Das wiederholen sie bei jedem Flug, immer wieder. Heißt das, sie beherrschen ihr Handwerk nicht oder haben es nicht gelernt?

»Wer einen Fehler gemacht hat und nicht korrigiert, begeht einen zweiten.«
– Konfuzius –

Jeder sollte sich eingestehen, dass Menschen Fehler machen. Die Vergangenheit hat gezeigt, dass es immer wieder zu Flugzeugabstürzen kommt, bei denen Hunderte Menschen ums Leben kommen. Um dieses Risiko zu minimieren, wurden Checklisten in Cockpits eingeführt. Piloten haben ihr Handwerk gelernt, genauso wie Feuerwehrleute ihr Handwerk lernen mussten. Aus diesem Grund sollte überlegt werden, ob Checklisten auch in bestimmten Bereichen der Feuerwehr eingesetzt werden können, um Fehler zu vermeiden.

Auf den folgenden Seiten werden einige Checklisten vorgestellt, um die Presse- und Öffentlichkeitsarbeit zu verbessern und innerhalb der Organisation auf einen einheitlichen Standard zu bringen.

Merke:

Checklisten helfen, Ablenkungen zu vermeiden, indem sie dazu zwingen, nur die Aufgaben zu erledigen, die auf ihnen stehen. Checklisten befreien von der Notwendigkeit, sich an die zu erledigenden Schritte zu erinnern, und vor allem von der Sorge, etwas vergessen zu haben.

7.1.1 Für den Einsatz

Checkliste für den Pressesprecher-Einsatz

Vorbereitung:

- ✓ Akku der Kamera aufladen.
- ✓ Speicherkarte formatieren.
- ✓ Utensilien einpacken. (Notizen, Funkgerät, Meldeempfänger, Kamera, Laptop, Einsatzkleidung, Kennzeichnung, etc.)

Im Einsatz:

- ✓ Medienvertreter informieren.
- ✓ Treffpunkt kommunizieren.
- ✓ Einsatzinformationen von der Einsatzleitung einholen.
- ✓ (Was, Wie viele, Wer, Besonderheiten?)
- ✓ Statement geben.
  (Es ist wichtig, sich vorher zu überlegen, was man sagen will.)

Nach dem Einsatz:

- ✓ Pressemitteilung schreiben.
- ✓ (Je nach Lage ggf. mit Verzug)
- ✓ Internetseite pflegen.
- ✓ (Reicht eine kurze Info oder soll es ein ausführlicher Bericht sein?)
- ✓ Social-Media-Kanäle betreiben.
- ✓ Ansprechpartner für weitere Rückfragen benennen.

Checkliste für gute Fotos und Videos:

- ✓ Moderne Smartphones oder Digitalkameras sind ausreichend.
- ✓ Der Mensch (Einsatzkraft) steht im Mittelpunkt.
- ✓ Die Tätigkeit der Feuerwehr wird gezeigt.
- ✓ Der Kontext (Hintergrund) zeigt das Einsatzszenario.
- ✓ Bei Dunkelheit: Beleuchtung der Einsatzstelle ausnutzen.
- ✓ Für Videos: Einzelne Szenen in verschiedenen Einstellungsgrößen aufnehmen, nicht zu viel zoomen oder schwenken.

Checkliste für Social Media im Einsatz:

- ✓ Prüfen, ob eine Live- oder Nachberichterstattung notwendig ist.
- ✓ Bei einer Liveberichterstattung eine zuständige Einsatzkraft (z. B. Pressesprecher) für die Medienarbeit einteilen. (Stufenkonzept der Presse- und Medienarbeit prüfen.)
- ✓ Führungsunterstützungseinheit »Presse« ggf. nachfordern, um bei großen Einsatzlagen die Einsatzleitung zu entlasten.
- ✓ Soziale Medien in Bezug auf den Einsatz beobachten. (Nachfragen, ungewollte Bilder etc.)
- ✓ Einsatz von VOST prüfen.

7.1.2 Für den Alltag

Checkliste für die Pressemitteilung:

Überschrift:

- ✓ Überschrift kurz und aussagekräftig?
- ✓ Weckt die Überschrift Interesse beim Lesen?
- ✓ Überschrift passt zum Text?

Gliederung:

- ✓ Stehen die wichtigsten Aussagen am Anfang?
- ✓ Sind im Hauptteil alle W-Fragen beantwortet (Was, Wo, Wann, Wie, Wer, Warum, Wie viele, Welche)?

Sprache:

- ✓ Gibt es noch Fachwörter oder Abkürzungen im Text?
- ✓ Wenn ja, kann auf diese verzichtet werden oder sind Erläuterungen vorhanden?
- ✓ Sind die Sätze kurz und gut verständlich?
- ✓ Lassen sich aussagekräftige Zitate einbauen?

Versand:

- ✓ Pressemitteilung abschließend kontrolliert (Vier-Augen-Prinzip)?
- ✓ Ansprechpartner inkl. Erreichbarkeit benannt?
- ✓ Presseverteiler richtig gewählt?
- ✓ Redaktionszeiten beachtet?

7.2 Social-Media-Guidelines

Kommunikation ist einem ständigen Wandel unterworfen und hat in den letzten Jahren eine völlig neue Dimension erreicht. Durch das Web 2.0 haben sich im Bereich der Social Media (Facebook, Instagram, YouTube oder Twitter bzw. X) zahlreiche neue Kommunikationskanäle entwickelt, die eine direkte Interaktion zwischen den Zielgruppen ermöglichen.

Viele Feuerwehren nutzen diese neuen Kommunikationskanäle, ohne klare Strukturen definiert zu haben. Die folgenden Guidelines sollen Sicherheit und einen Orientierungsrahmen für die Nutzung sozialer Netzwerke geben, wenn Feuerwehren über Twitter/X, Instagram oder Facebook kommunizieren.

Die Feuerwehren müssen in ihrer Berichterstattung und ihren öffentlichen Äußerungen ein einheitliches Bild abgeben. Die Bürger unterscheiden nicht zwischen den verschiedenen Accounts der einzelnen Organisationen, daher sind vollständige, sachlich richtige und leicht verständliche Informationen sehr wichtig.

Die derzeit verwendeten Accounts sollten regelmäßig auf ihren Nutzen hin überprüft werden. In der heutigen schnelllebigen Zeit kommen ständig neue Plattformen hinzu. Aus diesem Grund können Kanäle wie Mastodon oder BeReal in Zukunft sinnvoll sein. So kann sichergestellt werden, dass die Feuerwehr auf dem neuesten Stand ist und alte, ungenutzte Accounts deaktiviert werden.

7.2.1 Soziale Medien privat nutzen?

Fast jeder von uns nutzt soziale Netzwerke, um sein Privatleben, seine Hobbys oder seinen Alltag darzustellen und sich mit anderen darüber auszutauschen. Auch Feuerwehrleute gehören dazu. Die meisten Feuerwehren freuen sich, wenn sich Einsatzkräfte als Botschafter der Feuerwehr verstehen. Denn: Der Auftritt im Netz wird immer auch als Auftritt der Feuerwehr wahrgenommen. Neben den rechtlichen Aspekten sollte von daher auch das Image der Feuerwehr im Auge behalten werden.

Oft ist es schwierig, eine klare Grenze zwischen Privatem, Beruflichem und Dienstlichem zu ziehen. Wer seinen Arbeitgeber in seinem Profil angegeben hat, nutzt den Account in erster Linie privat. Dennoch wird »im Hinterkopf« der Profilbesucher eine Verbindung zum Arbeitgeber hergestellt. Private Posts können auch dienstlichen Inhalt haben. Das ist völlig in Ordnung. Entscheidend ist die Intention des Posts.

Merke:

Denkt daran, dass es einen großen Unterschied zwischen dem »privaten« Profil und dem offiziellen Profil der Stadt oder der Feuerwehr gibt.

Insbesondere bei Fotos und Videos kann es zu dienstlichen und rechtlichen Konsequenzen kommen. Deshalb gibt es Spielregeln, die Sicherheit und Orientierung geben.

In jedem Fall ist ein hohes Maß an Eigenverantwortung gefragt. Denn es gibt Inhalte und Intentionen, die nicht für jede Zielgruppe geeignet sind. Das gilt für die Feuerwehr genauso wie für den privaten Bereich. Was aber einmal in den öffentlichen Raum gelangt ist, kann nicht mehr zurückgenommen werden.

Spielregeln für die private Nutzung sozialer Medien:

- Bleibt ehrlich, freundlich und authentisch.
- Im Netz gelten die gleichen Regeln des Anstands wie im restlichen Leben auch.
- Jeder hat das Recht auf seine eigene Meinung. Versucht deshalb nie, die eigene Meinung anderen aufzuzwingen.
- Postet nur Fotos, die Ihr selbst gemacht habt bzw. wenn Euch die Zustimmung des Fotografen vorliegt.
- Alle abgebildeten Personen müssen der Veröffentlichung zugestimmt haben.
- Möglichst keinen Spielraum für Fehlinterpretationen lassen.

Manche Sachen verbieten sich generell:

- Aufnahmen von oder Infos zu aktuellen Einsätzen, auf der Anfahrt oder in der Anfangsphase von Einsätzen,
- Aufnahmen auf Privat- oder Firmengelände,
- politische Meinungen aus dem Dienst heraus. Es gilt das Neutralitätsgebot für Einsatzkräfte.
- imageschädigende Beiträge wie schwarzer Humor oder Alkohol in Dienstkleidung.

Im Umkehrschluss sind folgende Dinge besonders gern gesehen:

- Freude an der Tätigkeit in der Feuerwehr,
- positive Nachrichten und Erfolge,
- sachlich richtige Infos und Tipps aus der Feuerwehr,

- Beiträge der offiziellen Seiten teilen, liken, bestärken,
- kreative und optisch schöne Beiträge,
- Kameradschaft, Empathie und Engagement.

7.2.2 Beispiel einer Netiquette

Die Netiquette der Feuerwehr Hamburg ist ein gutes Beispiel, um Umgangsformen zu definieren, die auf Internetpräsenzen, aber auch an anderen virtuellen Orten gelten.

Wir sind relevant
Wir lenken unsere Interessenten nicht mit Wiederholungen ab, sondern wir teilen etwas Neues mit, wenn wir einen Beitrag schreiben! Wir drücken uns verständlich aus und bauen eine schlüssige Argumentation auf. Wir kürzen zitierten Text, auf den wir uns beziehen, auf das notwendige Minimum, sodass dem Leser der Zusammenhang nicht verloren geht. Wir geben bei zitiertem Text immer eine Quellenangabe an.

Wir nutzen unsere Präsenzen
Wir präsentieren uns auf unterschiedlichen Plattformen in sozialen Netzen, um unseren Interessenten vielfältige Möglichkeiten zu geben, mit uns in Kontakt zu treten, sich über uns zu informieren und mit uns zu diskutieren. Diese Präsenzen nutzen und pflegen wir regelmäßig. Präsenzen, die wir nicht nutzen, schalten wir ab.

Wir sprechen menschlich
Unsere Beiträge in unseren Präsenzen können von jedermann auf der ganzen Welt gelesen werden. Wir lassen uns nicht zu verbalen Ausbrüchen hinreißen. Wir lassen uns nicht auf Diskussionen mit Trollen oder ähnlichen Diskussionsteilnehmern ein, deren Ziel es ist, destruktiv zu wirken. Sollte es zu beleidigenden, obszönen oder diffamierenden Äußerungen kommen oder solchen, von denen wir annehmen müssen, dass sie von Einzelpersonen oder Gruppen als solche wahrgenommen werden, behalten wir uns das Recht vor, diese fallweise zu löschen oder die Personen zu sperren.

Wir haben Respekt
Da die Internet-Präsenzen der Feuerwehr Hamburg einen professionellen Hintergrund haben und wir unseren Interessenten kein »Du« aufzwängen wollen, werden wir in der direkten Ansprache unsere Interessenten siezen. Wer uns duzt, den werden wir auch gerne mit »Du« ansprechen.

Unsere Beiträge sprechen für uns

Viele Leser kennen und beurteilen uns nicht nur aufgrund unserer Aktivitäten und Einsätze, sondern auch aufgrund dessen, was wir in den sozialen Netzwerken schreiben. Daher versuchen wir, unsere Beiträge verständlich und fehlerfrei zu verfassen. Uns ist bewusst, dass wir unsere Anliegen schlecht vertreten, wenn unsere Beiträge nicht elementaren Anforderungen an Stil, Form und Niveau genügen.

Wir haben Humor

Wir kämpfen nicht verbissen für eine Sache, sondern zeigen neben dem gebotenen Respekt auch Humor. Ironie und Sarkasmus kann aber missverstanden werden, deswegen achten wir darauf, dass unsere humorvoll und ironisch gemeinten Bemerkungen als solche erkennbar sind.

Wir machen keine Werbung

Unerwünschte Werbung widerspricht den elementarsten Regeln der Kommunikation in sozialen Netzwerken. Deswegen werden wir unsere Interessenten damit nicht behelligen. Der Missbrauch unserer Social-Media-Präsenzen als Werbeplattform ist nicht erlaubt. Die Nennung von Produktnamen, Herstellern, Dienstleistern und Webseiten ist nur dann zulässig, wenn damit nicht vorrangig der Zweck der Werbung verfolgt und das eigentliche Thema verfehlt wird. Wir behalten es uns vor, solche Werbeeinträge aus unseren Präsenzen zu entfernen.

Wir nutzen die richtigen Kommunikationskanäle

Wir überlegen vorher, welcher Kommunikationskanal für den jeweiligen Informationsaustausch der richtige ist, und nutzen unsere Präsenzen gezielt.

Veröffentlichung von Einsatzberichten

Mit der Veröffentlichung eines Einsatzberichtes wollen wir die Öffentlichkeit über unser Wirken informieren. Dieser Bericht soll kurz und präzise die wesentlichen Fakten des Einsatzes wiedergeben. Der Bericht wird in der Vergangenheitsform Präteritum verfasst und eine persönliche Wertung oder Meinung fließt nicht in den Bericht mit ein. Da der Schutz von Persönlichkeitsrechten Dritter für uns ein hohes Gut ist, vermeiden wir in unseren Berichten Namensnennungen, Hausnummern, Kfz-Kennzeichen oder andere relevante Dinge, die Rückschlüsse auf einzelne Personen zulassen könnten.

7.3 Nützliche Tools für Social Media und Bild- und Videobearbeitung

7.3.1 Canva

Canva ist ein Online-Tool, das Benutzern eine Vielzahl von Vorlagen, Symbolen und Schriftarten bietet, um ansprechende Designs zu erstellen. Feuerwehren können Canva kostenlos nutzen, um Plakate, Flyer, Infografiken, Social-Media-Posts und Schulungsmaterialien zu erstellen, die auf ihre spezifischen Bedürfnisse zugeschnitten sind.

Man kann aus einer Vielzahl von Vorlagen auswählen, die speziell für Online-Medien und damit verbundene Themen entwickelt wurden. Nutzer können auch eigene Bilder und Grafiken hochladen, um ihre kreativen Ideen in ihre Designs zu integrieren. Canva bietet eine einfache Benutzeroberfläche, die es ermöglicht, schnell und effizient Grafiken zu erstellen. Nutzer können Texte hinzufügen, Symbole einfügen, Farben ändern und das Layout anpassen, um ein ansprechendes Design zu erstellen.

Ein weiterer Vorteil von Canva ist, dass es eine große Auswahl an Exportoptionen bietet, um die erstellten Designs zu teilen. Benutzer können ihre Designs als JPG-, PNG- oder PDF-Datei exportieren oder direkt auf sozialen Medien teilen. Insgesamt kann Canva Feuerwehren helfen, ihre Botschaften klar und ansprechend zu kommunizieren. Es kann auch Zeit und Ressourcen sparen, indem es Feuerwehrleuten ermöglicht, schnell und einfach ansprechende Grafiken zu erstellen, ohne dass sie auf teure Design-Software oder Grafikdesigner angewiesen sind.

7.3.2 CapCut

CapCut ist eine kostenlose Videobearbeitungs-App, die für mobile Geräte wie Smartphones und Tablets entwickelt wurde. Mit der App können Benutzer ihre eigenen Videos aufnehmen, importieren und bearbeiten, um professionell aussehende Clips und Filme zu erstellen. Die Benutzeroberfläche von CapCut ist benutzerfreundlich und einfach zu bedienen. Die App bietet eine Vielzahl von Bearbeitungswerkzeugen, mit denen Benutzer ihre Videos schneiden, trimmen, zusammenfügen, Musik hinzufügen, Texte und Effekte einfügen und vieles mehr können.

CapCut bietet auch eine große Bibliothek von vorgefertigten Effekten, Filtern und Musik, die Benutzer in ihre Videos einfügen können. Diese Effekte und Filter können helfen, die Stimmung und Atmosphäre eines Videos zu verbessern und ihm eine professionelle Note zu verleihen. Ein weiteres Highlight von CapCut ist die Möglichkeit, Videos in verschiedenen Formaten und Größen zu exportieren. Die App unterstützt eine Vielzahl von Videoformaten, darunter MP4, MOV und AVI, und ermöglicht es Benutzern, ihre Videos in verschiedenen Größen und Auflösungen zu exportieren, um sie für verschiedene Plattformen wie YouTube, Instagram, TikTok oder andere soziale Medien zu optimieren.

7.3.3 META Business Suite

Die META Business Suite ist ein kostenloses Tool, das Unternehmen und Organisationen dabei hilft, ihre Facebook-Seiten und Werbekampagnen zu verwalten. Für Feuerwehren kann der Business Manager ein nützliches Werkzeug für die Öffentlichkeitsarbeit sein, da er es ermöglicht, die Facebook-Präsenz der Feuerwehr zu optimieren und effektiver zu nutzen.

Für Feuerwehren kann die META Business Suite beispielsweise verwendet werden, um die Reichweite von Posts und Werbekampagnen zu erhöhen oder Beiträge kurz- oder langfristig zu planen. Eine Feuerwehr könnte beispielsweise eine Werbekampagne erstellen, um für ein bevorstehendes Event wie einen Tag der offenen Tür oder eine Feuerwehrübung zu werben. Darüber hinaus können Feuerwehren die Business Suite nutzen, um ihre Social-Media-Präsenz zu verwalten und zu verbessern. Sie können den Zugriff auf ihre Facebook-Seite mit Mitarbeitern teilen, um die Zusammenarbeit zu erleichtern und sicherzustellen, dass die Seite regelmäßig aktualisiert wird. Die Business Suite bietet auch Tools, um die Leistung von Posts und Werbekampagnen zu überwachen, um zu sehen, was funktioniert und was nicht, und um zukünftige Marketingstrategien zu optimieren.

Insgesamt kann die META Business Suite für Feuerwehren eine wertvolle Ressource sein, um ihre Präsenz auf Facebook zu verbessern und effektiver zu nutzen sowie um ihre Botschaften an potenzielle Mitglieder oder Sponsoren zu richten.

Schlusswort

Mit diesem Fachbuch haben Sie umfangreiches Wissen über die Presse- und Öffentlichkeitsarbeit in der Feuerwehr erworben. Sie haben gelernt, Pressemitteilungen zu verfassen, erfolgreich mit Journalisten und Medienvertretern zu kommunizieren und professionell an Einsatzstellen zu fotografieren. Darüber hinaus haben Sie wichtige rechtliche Aspekte und deren Konsequenzen in der Öffentlichkeitsarbeit kennen gelernt und erfahren, wie Sie in Krisensituationen angemessen reagieren und kommunizieren. Sie haben auch gelernt, wie Sie Social Media innerhalb der Feuerwehr nutzen können und wie Sie durch ein Corporate Design ein einheitliches Erscheinungsbild erreichen.

Wichtig ist uns zu betonen, dass Presse- und Öffentlichkeitsarbeit mehr ist als das Schreiben von Pressemitteilungen. Wir hoffen, dass dieses Buch nicht nur als Nachschlagewerk, sondern auch als aktives Arbeitsbuch für eine erfolgreiche Presse- und Öffentlichkeitsarbeit genutzt wird.

Dieses Buch hilft dabei Ihre Arbeit als Einsatzkraft und Pressesprecher erfolgreich zu gestalten.

Autoren

Bild 51: *Jannik Stiller*

Jannik Stiller ist Beamter der Berufsfeuerwehr Bremen und im Lösch- und Hilfeleistungsdienst sowie in der Feuerwehr- und Rettungsleitstelle eingesetzt. Weitere Erfahrungen sammelte er bei den Feuerwehren in Dortmund und Hamburg. Er strebt nach innovativen Lösungen und danach, durch sein Studium im Bereich Management in der Gefahrenabwehr neue Wege zu gehen und positive Veränderungen herbeizuführen. Seine Motivation liegt darin, ein tieferes Verständnis für den Katastrophenschutz zu erlangen und aktiv dazu beizutragen, die Sicherheit und Resilienz der Gemeinschaft zu stärken.

Als Pressesprecher der Feuerwehren im Landkreis Oldenburg ist er für die Presse- und Öffentlichkeitsarbeit sowie die Krisen- und Risikokommunikation der 31 Feuerwehren zuständig. Ein dreiköpfiges Team aus motivierten Einsatzkräften liefert kontinuierlich Informationen für die Medien, Bürger und Einsatzkräfte im Landkreis Oldenburg.

Er koordiniert Pressemitteilungen und Medienanfragen im Zusammenhang mit Feuerwehreinsätzen und sorgt dafür, dass die Öffentlichkeit stets über aktuelle Entwicklungen informiert wird.

Als ausgebildeter Gruppenführer und Rettungstrainer gibt er sein Wissen für DREHLEITER.info und als Dozent der Presse- und Öffentlichkeitsarbeit an Einsatzkräfte in ganz Deutschland weiter. Auslandsaufenthalte in der Schweiz, in Belgien oder im Libanon gehörten in der Vergangenheit zu den Schwerpunkten seiner Ausbildung. Im Jahr 2022 leistete er als Initiator zusammen mit drei weiteren Ausbildern Entwicklungshilfe im Libanon und bildete mit Fachexpertise und deutschen Fahrzeugen aus, woraufhin Taktik und Technik zu einer verbesserten Struktur der Feuerwehren beigetragen haben.

In enger Absprache mit Simon Heußen (Amtsleiter BF Bochum) und Jan Ole Unger (Pressesprecher a. D. BF Hamburg) entstand die Idee, den Feuerwehren ein Fachbuch als Leitfaden mit den wichtigsten Inhalten an die Hand zu geben. Jannik Stiller überlegte nicht lange und nahm sich der Sache an, sodass dieses Fachbuch das Ergebnis vieler Gespräche, kurzer Nächte und tiefer Überzeugung ist. Zusammen mit Heiko Hahnenstein, Sebastian Baum und Michael Ehresmann konnte das Buch aus verschiedenen Blickwinkeln geschrieben und veröffentlicht werden.

Bild 52: *Heiko Hahnenstein*

Heiko Hahnenstein ist selbstständiger Agenturinhaber in Friedrichsdorf im Hochtaunuskreis.

Seine Marketingagentur hat sich auf die Bedürfnisse und Herausforderungen von Blaulichtorganisationen sowie der gesamten Zulieferindustrie spezialisiert. Zu den Kunden der Veritas Medien GmbH zählen unter anderem S-GARD, Dräger Fire, die Berufsfeuerwehr Offenbach und die Hessische Landesfeuerwehrschule. Das YouTube-Format BLAULICHTKANAL ist eine bekannte Marke des Unternehmens.

Nach seiner Ausbildung zum Rettungsassistenten absolvierte er ein Studium zum staatlich geprüften Kommunikationswirt und einen Zertifikatslehrgang zum Social Media Manager bei der IHK Friedberg-Gießen. Zusammen mit Michael Ehresmann und Sebastian Baum arbeitete er als Videojournalist für das Presseportal Wiesbaden112 und unterstützte und schulte zahlreiche Feuerwehren in den Bereichen Presse- und Öffentlichkeitsarbeit sowie Social Media.

Als ausgebildeter Zugführer der Freiwilligen Feuerwehr Köppern ist er unter anderem in der technischen Einsatzleitung des Hochtaunuskreises tätig. Unter dem Dach des Kreisfeuerwehrverbandes Hochtaunus hat Heiko Hahnenstein eine Presse- und Mediengruppe für den Kreis aufgebaut.

Mitwirkende

Bild 53: *Sebastian Baum*

Sebastian Baum ist Berater und Dozent bei Lülf+, den Beratern der Gefahrenabwehr. Schwerpunktmäßig schult und berät er Feuerwehren, Kommunen und Landkreise in den Bereichen Stabsarbeit und Krisenkommunikation. Seit mehreren Jahren beschäftigt er sich beruflich und ehrenamtlich intensiv mit dem Thema Öffentlichkeitsarbeit/PR – insbesondere mit der Risiko- und Krisenkommunikation als wichtigem Teil des Krisenmanagements.

Im Laufe seines Berufslebens konnte er seine beiden Leidenschaften – Kommunikation und Bevölkerungsschutz – beruflich und ehrenamtlich immer mehr zusammenführen. So sammelte er vielfältige Erfahrungen in der internen und externen Kommunikation, in den Bereichen Grafik, Foto- und Videoproduktion, Text, Social Media und Pressearbeit. Neben Stationen als Journalist und als Kommunikationsberater in einer PR-Agentur war er als Referent für Krisenkommunikation beim Betreiber eines der größten Industrieparks in Deutschland in die interne und externe Unternehmens- und Standortkommunikation eingebunden und organisierte schwerpunktmäßig die unternehmensübergreifende Risiko- und Krisenkommunikation sowie das Bürgertelefon des Chemie- und Pharmastandortes. In dieser Funktion gehörte er auch dem Krisenstab des Standortes an.

Bei den Feuerwehren der Stadt Hattersheim am Main (Hessen) ist er Verbandsführer und Pressesprecher und leitet den Arbeitskreis Presse- und Öffentlichkeitsarbeit. Als Pressewart des Kreisfeuerwehrverbandes Main-Taunus unterstützt er darüber hinaus die Feuerwehren im Main-Taunus-Kreis bei ihrer Öffentlichkeitsarbeit und engagiert sich im Sachgebiet 5 »Presse- und Medienarbeit« des Führungs- und Katastrophenschutzstabes des Main-Taunus-Kreises. Am Jugendfeuerwehrausbildungszentrum der Hessischen Landesfeuerwehrschule ist er als Gastdozent für Presse- und Öffentlichkeitsarbeit sowie Social Media tätig.

Bei der Hilfsorganisation @fire, die internationale Katastrophenhilfe bei verheerenden Waldbränden, Erdbeben und anderen Naturkatastrophen leistet, leitet er den Bereich Öffentlichkeitsarbeit mit rund 15 Mitarbeitenden und ist als »Sachgebietsleiter S5 Öffentlichkeitsarbeit« im Heimatstab sowie als Pressesprecher aktiv. Beim Erdbeben in Nepal 2015, der Hochwasserkatastrophe im Ahrtal 2021 oder dem Erdbeben in der Türkei 2023 war er in diesen Funktionen vor Ort im Einsatz oder im Heimatstab aktiv und für die Presse- und Öffentlichkeitsarbeit verantwortlich.

Unter www.sachgebiet5.de bloggt er zu den Themen Presse- und Medienarbeit sowie Risiko- und Krisenkommunikation im Bevölkerungsschutz.

Bild 54: ***Michael Ehresmann***

Michael Ehresmann ist Beamter im Einsatzleitdienst der Berufsfeuerwehr Mainz. Dort ist er als Sachbearbeiter Öffentlichkeitsarbeit und Qualitätsmanagement für die externe Kommunikation zuständig. In dieser Funktion tritt er Medien als Pressesprecher der Feuerwehr gegenüber und ist, gemeinsam mit der Pressestelle der Landeshauptstadt Mainz, für die Krisenkommunikation verantwortlich. Als Teileinheitsführer der Landesfacheinheit Presse- und Medienarbeit des Landes Rheinland-Pfalz, ist er mit seinem 20-köpfigen Team für die Unterstützung der Pressearbeit in Großschadenslagen landesweit verantwortlich. In dieser Funktion hat er in der Flutkatastrophe 2021 umfangreiche Erfahrungen gesammelt.

Vor der Übernahme dieser Aufgabe war er fast 15 Jahre als Journalist im Blaulichtwesen tätig. Gemeinsam mit Sebastian Baum hatte er die Agentur »Wiesbaden112« gegründet und war im Auftrag aller namhaften Presseorgane deutschlandweit tätig. Mit diesen Erfahrungen schulte er mit Sebastian Baum und Heiko Hahnenstein mehrere Jahre die Angehörigen der BOS in Praxis und Theorie. Heute ist er als Dozent an der Landesfeuerwehr- und Katastrophenschutzakademie Rheinland-Pfalz im Bereich Presse- und Öffentlichkeitsarbeit tätig.

Im Rheingau-Taunus-Kreis (Hessen) ist er als Kreisbrandmeister für Presse- und Öffentlichkeitsarbeit für die Außendarstellung der nichtpolizeilichen Gefahrenabwehr zuständig. Unterstützt wird er von einer Mitarbeiterin sowie den Beauftragten für Öffentlichkeitsarbeit der Feuerwehren und Hilfsorganisationen. Im Katastrophenschutzstab sowie der TEL des Landkreises leitet er das Sachgebiet S5.

Literaturverzeichnis

Aschermann, T.: TikTok: die App einfach erklärt, www.praxistipps.chip.de.de, online abrufbar unter: https://praxistipps.chip.de/tiktok-die-app-einfach-erklaert_102363 letzter Zugriff: 18.10.2022.

Boyd, D. M./Ellison, Nicole B. N. B.: Social Network Sites: Definition, History, and Scholarship, https://onlinelibrary.wiley.com/doi/full/10.1111/j.1083-6101.2007.00393.x letzter Zugriff: 02.06.2023.

Bundesamt für Bevölkerungsschutz und Katastrophenhilfe und Bundesinstitut für Risikobewertung: Risikokommunikation – Ein Handbuch für die Praxis, Februar 2022.

Bundesamt für Bevölkerungsschutz und Katastrophenhilfe: Warnbedarf und Warnreaktion – Grundlagen und Empfehlungen für Warnmeldungen, Februar 2022.

Bundesministerium des Innern: Leitfaden Krisenkommunikation, August 2014.

Jendsch, W.: Presse- und Öffentlichkeitsarbeit der Feuerwehren, In: Das grosse Feuerwehr-Handbuch, Ausgabe 7/2000, EcoMed-Verlag.

Niedersächsischer Ministerpräsident Dr. Diederichs.: niedersächsisches Pressegesetz, www.nds-voris.de, 01.05.1965, online abrufbar unter: https://www.nds-voris.de/jportal/?quelle=jlink&query=PresseG+ND&psml=bsvorisprod.psml&max=true&aiz=true#jlr-PresseGNDpP4, letzter Zugriff: 17.05.2022.

Klöpper, M.: Ausgabe 04/2021, Feuerwehrmagazin. letzter Zugriff: 16.10.2022.

o. A.: Aktuelle Studie zu Brandtoten in Deutschland, www.Rauchmelder-Lebensretter.de, 2020, online abrufbar unter: https://www.rauchmelder-lebensretter.de/aktuelle-studie-zu-brandtoten-in-deutschland-rauchmelder-retten-nachweislich-leben/, letzter Zugriff: 07.03.2022.

o. A.: Einsätze fotografieren: Das müsst ihr beachten, www.feuerwehrmagazin.de, 2021, online abrufbar unter: https://www.feuerwehrmagazin.de/wissen/fotografieren-im-feuerwehr-einsatz-was-jeder-wissen-sollte-58731, letzter Zugriff: 08.03.2022.

o. A.: Neugier ist die Voraussetzung für evolutionäres Leben, www.ukv.de, 2014, online abrufbar unter: https://www.ukv.de/content/service/gesundheitsmagazin/wissen/neugier-falkai/, letzter Zugriff: 23.03.2022.

o. A. Presseausweis, www.presseausweis.org, online abrufbar unter: https://www.presseasuweis.org, letzter Zugriff: 17.05.2022.

o. A. Ostereinsatz in Bremerhaven, www.spiegel.de, online abrufbar unter: https://www.spiegel.de/panorama/bremerhaven-feuerwehr-rettet-kueken-aus-der-kanalisation-a-7 e98 f1fe-a1de-4577-8832-f6 d5a5930 d77 letzter Zugriff: 18.10.2022.

o. A. Eine Veranstaltung planen, www.deutsches-ehrenamt.de, online abrufbar unter: https://deutsches-ehrenamt.de/verein-schuetzen/veranstaltung-planen/ letzter Zugriff: 11.11.2022.

o. A. Freiwillige Feuerwehr Schafflund: Richtlinien für das Fotografieren im Einsatz, https://feuerwehr-schafflund.info/corona/515/richtlinien-fuer-das-fotografieren-im-einsatz letzter Zugriff: 29.12.2022.

o. A. Feuerwehr Hamburg: Handlungsanweisung und Richtlinie der Feuerwehr Hamburg für die Nutzung von Social Media, online abrufbar unter: https://fragdenstaat.de/anfrage/richtlinien-und-leitfaden-zur-nutzung-sozialer-medien/155866/anhang/Handlungsanweisung-SocialMedia-Feuerwehr-Hamburg.pdf, letzter Zugriff: 16.01.2023.

o. A. Online Studie ZDF/ARD Publikationscharts, https://www.ard-zdf-onlinestudie.de/files/2022/ARD_ZDF_Onlinestudie_2022_Publikationscharts.pdf letzter Zugriff: 02.06.2023.

Wilke, J.-P.: Gute Taten gut verkaufen, 1. Auflage 2008, Verlag W. Kohlhammer.